汉竹主编●健康爱家系列

坨坨妈：
烘焙新手入门

坨坨妈/编著

U0155785

江苏凤凰科学技术出版社
—— · 南京 · ——

现在随着生活品质的进一步提高，很多人开始加入家庭烘焙的大军。烘焙是一门极其复杂的功课，初入烘焙的朋友往往从最基础的工具和原料的选择开始就已经晕头转向，不知道从何处着手。

如今市面上的烘焙食谱书籍很少会有从基础知识开始讲起的，所以很多人即使看了书，或为专业术语犯晕，不知道何意，或因缺少理论和操作细节要点的分析，会有"我明明每一步按照方子来做了，为什么还是不成功？"这样的困惑。

为了给这些在烘焙道路上跌跌撞撞不得其门而入的朋友一些帮助，我在本书中从最基础的烘焙知识和理论开始讲起，并将所有的技术要点分类细化，从最简单的着手，再一步步分解、变化和提升，让你不用走弯路，轻松地提高自己的烘焙水平。

看完这本书，即使你不能在两三天内成为高手，但起码也能对烘焙知其然且知其所以然。有了清晰和牢固的基础，我们才能在烘焙这条路上走得更远、更好，得到更多的乐趣和幸福！

2015 年 10 月

目 录 contents

蛋糕类 没有想的那么难 /87

面包类 给新手来点挑战 /167

Part 5

其他类甜点 边玩边做吧 /219

Part 1

坨坨妈
烘焙本来很简单

烘焙基础工具

烤箱

如何选择烤箱？

对烘焙来说，最首要的工具当然是烤箱，一台好的烤箱，是烘焙成功的最基本条件。而怎么样才能挑选到一台好的烤箱，我觉得要具备以下几点：

★合适的大小

适合自己的才是最好的。一般来说，挑烤箱的大小和自己做烘焙的"发烧度"是成正比的。平常做得不多，只做做基础的饼干、小蛋糕、比萨这一类简单的烘焙，用18~25升即可。

如果想做10寸以上大蛋糕或者吐司面包之类的，就必需选择30~45升的烤箱，因为只有大一点的烤箱，上下烤管之间才有足够高的内空，才会保证在烘烤的过程中不会过快烤糊蛋糕和面包的表面。

而进阶型的同学，对烘焙"高度发烧"者，就会需要更大容量的烤箱，如50~80升的烤箱。因为只有这种超大容量的烤箱，才能满足一次烤3~4条吐司、更多的蛋糕饼干，或者说拥有更高的内空，从而保证受热足够均匀，不会出现表面糊了、中间不熟的情况。

所以说，选烤箱不一定是买更大更贵的就是好的，关键是适合自己。如果平时做不了几次，买个超级大烤箱放厨房里占地方，就真心不划算了。

★方便实用的功能

现在市面上的烤箱一般分为机械版和电脑版2种。机械版和电脑版相比，优势在于更便宜更经久耐用，电脑版的触摸屏或者电路板相对来说更容易损坏。而电脑版的烤箱优势则在于它有更多操作菜单的功能和更精准的控温。

不过我个人觉得，很多电脑版的傻瓜式操作菜单都不太实用。比如说预设的饼干是什么温度烤多长时间，但各种饼干因配方和工艺不同，温度和时间都是不太一样的，有些甚至在烘焙过程中需要改变数次温度，所以这种傻瓜式设定只是针对懒人，对专业烘焙来说不太实用。

机械版烤箱

电脑版烤箱

什么是专业烘焙中真正实用的功能？

首先我们来看看现在市售的烤箱一般都会带有哪些功能，并做出相对应的评价。

★温度标段——非常重要，一定要看清楚再买

市面上的烤箱温度有0~250℃的，也有100~250℃的。选购时最好选择0~250℃的，有低温区选择可以自由调节发酵温度，同时具有低温烘烤功能。低温烘烤能提高戚风蛋糕和轻乳酪蛋糕的成功率，也更有利于烘焙的着色。有些国外的烘焙书用的是华氏，所以这里你需要了解2种温度计算方式之间如何换算。

温度换算公式：摄氏度＝（华氏－32）×5÷9

★温度键的形状设计——相当重要

电脑版烤箱不存在精准控温的问题，而机械版烤箱为了实现更精准的控温，就必需注重温度键的形状设计，以下图2种温度键示范：

上图的温度键旋钮非常大，而且温度标段分得不精细，导致旋钮的指向难以精确控制；而下图的温度键设计就很好的解决了这个问题，温度标段分得很细，10℃一格分得非常清楚，旋钮的指针很小同时旋钮本身带螺纹，钮身的一格纹路正好对应温度标段上10℃的一格，所以可以非常精准地控制温度的指向。

★上下火分开控温——这点很重要

大多数的烘焙配方会给你上下火相同的温度，如上下火170℃，可是有很多配方是需要上下火不同温度的，如上火190℃、下火170℃，这时就需要你的烤箱具备上下火分开控温的功能。如果你的烤箱无法分开控温，也可以将上下火的温度相加再除以2，如（190+170）÷2=180，即上下火180℃，但烘焙效果当然不如有分开控温的好。所以，如果不是对烤箱价格过于在意，能够买一台上下火分开控温的烤箱是最好，它比不分开的也贵不了多少钱。

★一键发酵——不是很重要，可要可不要

发酵键对于烤箱来说其实是个傻瓜式操作键，一般来说只要按到或者旋转至这个键，温度开关就不起作用了，烤箱会将温度自动设定到35℃左右（各家烤箱设定发酵的温度不一，低则30℃高则40℃不等）。其实烘焙中所用的各种发酵温度是不一样的，做面包一发的温度应该在28~30℃，二发在30~35℃，酸奶的发酵在40℃左右，所以一键发酵用同一个温度去针对不同的发酵其实是不科学的，还不如直接将烤箱设置成相应的温度。

★热风循环——比较重要，大多数时候有用

烤箱的发热原理是上下几根石英管通过电流发热，可是石英管的发热一般都不会太均匀，所以这也是同一个烤盘里的饼干或面包，有的会上色深、有的会上色浅的原因。烤箱中带热风循环可有效地使烤箱中的热气均匀流动，带热风发酵会使发酵更均匀，带热风烘焙会使马卡龙表面更快结皮，尤其是烤全鸡、全鸭用热风会使鸡、鸭表面更酥脆，再就是用于烤面包、小蛋糕、饼干之类的。

如果表面已经上色，而中间没熟的时候，可以选择调低或者关掉上火温度，用下火加热风来烘烤，以避免上色过深或者烤糊。但开热风循环的时候，烤箱内的温度会升高10~20℃，所以这时就需要做出相应的调整，比如配方是上下火170℃，用热风烘烤模式时就需设定在上下火160℃或者150℃。

★旋转烤叉——做烤全鸡、全鸭时有用

如果不做这道菜式这个功能基本没用。

★长通键——特定时候有用

烤箱的时间设置，尤其是机械烤箱一般最长只有2~3小时，可是如果要做酸奶需要长时间发酵，一般要用到6~8个小时，为了避免2~3小时就转一下时间旋钮，长通键就很有必要了。设置到长通，再设个8小时闹钟，到8小时后再来关就好了，这中间的时间你完全可以放心睡觉。

★照明炉灯——非常重要

照明炉灯能更加清楚地观察箱体食物烘烤情况，如果预算许可，尽量选购带照明炉灯的烤箱。但炉灯并不是一定必需的，厨房照明也可看到内部，所以有则更好，没有也可。

★接渣盘和不粘油内胆——非常重要

菜肴或食物难免会在烤箱内留下味道，久而久之，各种味道混合在一起，造成的异味让人难以忍受，在选购时最好选购带接渣盘或不粘油内胆的烤箱。接渣盘可以很方便地接住烘焙过程中掉落的碎渣和烤肉过程中滴出的油，而不粘油内胆会有效分离和分解附着油的能力，令烤箱清洁，异味减少，清洁起来也更容易。

★准确的温度

对于烤箱来说，温度是影响烘焙成功率最关键的要素，因为生产厂家和生产批次不同，因此每个烤箱的温度都是不一样的，多多少少都会有一些细微的差异，有的会偏高，有的会偏低，有的甚至是上下火或者左右火的温度不一，所以熟悉并掌握自己家烤箱的实际温度，才能更好地控制操作过程中的温度。因此我们必需掌握的另一个知识就是——烤箱温度测试。

首先，需要买个烤箱温度计。

然后，把温度计放进烤箱，一般烘焙用的最多的是烤箱的中层，可以先测中层，有时间的话也可以上层、下层、左右各角度都测一测，看温度是否一致，也可以单独开上火或下火来测试上下火温度是否一致。因为测试的原理都是一样的，所以这里我只说一个中层的测法，其他层的测法一样，照原样重复一遍即可。详细的测试说明如下：

1.将烤箱温度调到设定温度，比如说150℃，设定时间60分钟。这时候开始观察，首先要观察的是，你的烤箱在加热多长时间内能够达到指定温度？一般的烤箱5~10分钟内，都可以达到你的预设温度。所以第1次测试，要记录的就是，烤箱加热几分钟之后可以达到预设温度，记住这个时间，下次使用时就不用再测试了，加热到差不多的时间就可以开始烘烤了。

2.做完第1个测试后不能关机，你得继续加热、继续观察，当烤箱达到指定温度后，是否会继续保持在同一温度线上，长时间加热后，温度是会更高还是更低。

3.如果温度计在达到指定温度后还会继续升高，就说明烤箱温度偏高；如果达不到指定温度，就说明烤箱温度偏低。所以这里要记录的是，到底偏高或者偏低多少度？

4.如果温度偏低，只要记住差多少度，下次调定烤箱温度时，直接调高多少度就可以了。可是如果温度偏高，就相对麻烦一些，你要记录的，除了具体高出多少度，还要记录温度升高的时间线。比如我测试某一款烤箱，先设定温度在150℃，然后开始监测记录，从0℃加热到150℃，不开热风10分钟，开热风5分钟，保持在150℃的时间不开热风20分钟，开热风10分钟，此后开始走高，达到30分钟后偏高10℃，40分钟后偏高20℃，50分钟后偏高40℃。为什么要记住这个时间线？因为不同的烘焙对时间的要求是不一样的。烤饼干一般只用15~20分钟，所以如果你的烤箱在这个时间段内温度是准确的，那就不用调高或者调低温度。而烤蛋糕一般要用到25~30分钟，所以记住时间点后，如果你的烤箱是在20分钟后开始升温，那么20分钟以后就要将温度按照你升温的幅度调低。烤吐司一般会用40~50分钟，所以更要记住烤箱升温的时间线，然后将温度逐步调低。

5.另外，如果烤箱上下火温度不一样，在烘焙的时候，还得注意将上下火分开调温。如果左右火温度不一样就比较麻烦了，烤面包和蛋糕的时候还可以将模具放在那一个地方烤会比较温度均匀，可是烤饼干因为是整盘放入的，所以可能会出现左边糊右边不熟的情况。遇到这样的情况，你要么换一个烤箱，要么温度过高那一边不放东西，所以每次只能烤半盘。

看完以上这些，我想你一定能根据自己的需求买到适合自己的好烤箱。

面包机与厨师机

面包在烘焙中是很重要的一个组成部分，很多人喜欢刚出炉的自制面包的新鲜度和口感，可是做面包却是体力活，手工揉面40分钟不是人人都吃得消的劳动，所以买个面包机或者厨师机帮助揉面是很有必要的。

很多新手在入门时除了纠结烤箱的选择，另一个头疼的问题就是面包机与厨师机的选择，大致有如下几种疑问。

少花点儿钱买个面包机，还是一步到位买个厨师机？

很多人在面包机与厨师机之间纠结，最大的原因是价格。现在市面上的面包机最便宜的300元左右，最贵的也不过2000～3000元，而厨师机最便宜的也在1000元左右，贵的10000元都有。不同品牌、不同型号之间的价格差很容易让新手混乱，那些产品为什么差价那么大？贵的产品比便宜的产品到底好在哪里？是不是买个便宜的就一定做得不如贵的好？其实不是。

关于面包机与厨师机的选择，我们首先要从基础原理说起。做面包需要将面团揉和搅拌至拉出长而强韧的面筋，这样才能在面团发酵时形成支撑起面包体的纤维状组织，充分搅拌后达到面包烘焙标准的面团，需要拉开时能形成薄而强韧能透光的薄膜，即我们通常所说的"手套膜"的状态，所以我们需要利用机器来充分搅拌面团使其出筋出膜。

厨师机

★面包机与厨师机的区别

面包机的工作原理是利用面包机内桶下的电机带动一块三角铁来搅拌面团，而厨师机的工作原理是利用上置电机的搅拌钩来搅拌面团。2种机器相比，厨师机的功率更大，搅拌面团的效率更高。一般用面包机和面，40~45分钟可出膜，而用厨师机和面一般只需要用10分钟左右。

如果纯用揉面这一项来说，你多花了很多倍的价格买个厨师机，只不过比面包机揉面节约了30分钟的时间而已。所以如果单从这一个方面考虑，你就只看这30分钟对你是否重要。如果你做烘焙不是纯粹家庭自用，而是带有商业因素，如有些人在家做手工烘焙外卖，那买个厨师机就相当有必要，第一更快速高效，第二容量更大，可以一次性搅拌更多的面团或者面糊。而家庭自用的，主妇们不赶时间，可以买个面包机揉面，只不过多花点儿时间，一样可以达到出膜的效果。

面包机和厨师机另一个最大的不同，是面包机本身还带有很多附加功能，如烘烤、发酵、做米酒、做肉松等等，而基础版的厨师机就只有搅拌一个功能。如果需要增加搅肉、搅果汁、压面条之类的其他功能，就还需要另外购买添加零件，而这些零件同样也不便宜。所以从性价比上来说，面包机对普通家庭更实用。当然对于烘焙"发烧友"来说，愿意花更高的价格买更贵的机器，只是为了更完美的出品，那选择厨师机当然更好，这就要根据个人需求来选择了。

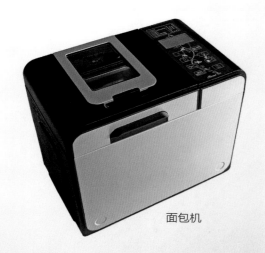

面包机

如果买面包机，要买什么价位什么功能的才好呢？

如果说在买面包机还是厨师机的选择上只是二选一的纠结，那么买什么价位什么功能的面包机就是"N选一"的纠结。因为现在市面上可选择的品牌、型号、功能实在太多，对于新手来说挑花眼是常事，经常会不知道应该买个什么样的。所以这里我们抛开品牌信誉好评度等其他因素，单从机器本身来给大家建议。

★面包机并不是越贵越好

面包机的价格差别，贵都贵在附加功能上。基础功能有搅拌和面、发酵面团、烘烤成形这3种，300元的面包机和3000元的面包机是一模一样的，差别就在于如外壳面板材质，是否自主设置，单烤管还是双烤管，是否自动投果料。附加功能如做米酒、做肉松、做冰淇淋等其实也是从烘烤和搅拌里衍生出的，只不过是厂家的一种噱头，用基础款面包机一样可以做出来。对面包机的选择来说，真正有用的功能是自主设置、双管发热、自动投果料这3种。

★要有自主设置

面包机的操作其实是一种方便懒人的傻瓜式操作，想省事的，一堆原料倒下去，然后按一键开关，过2小时就可以吃到成品面包。只不过这种一键制作出来的面包，无论外形、内部组织和口感都会和手工制作、烤箱烘焙的相差甚远。

想吃到好吃的面包就不能偷懒，不同的烘焙配方要求的搅拌、发酵、烘焙时间都不一样。面包机里预设的面包类别太少，传统面包机搅拌、发酵和烘焙的时间都是固定的，无法改变，操作起来太死板不方便，总要守在旁边不停地停止、更换程序，非常麻烦，这就是很多人只拿它来揉面而不用来发酵和烘焙的原因。

不过现在有新型的面包机是可以自主设置的，你可以根据不同的配方来设置搅拌多长时间、发酵多少时间，是一次发酵还是二次发酵，烘焙多长时间，这样对于更高要求的烘焙爱好者来说，面包机的实用性就大大增强了。所以如果买面包机一定要买带自主设置功能的，这一点是最重要的。

★挑选双管发热

面包机烘烤和烤箱不太一样。烤箱是上下两排发热管把食材夹在中间烤，隔空受热所以受热更均匀；而面包机的烘烤原理是面包桶底部周圈一圈发热管，通过加热面包桶把桶内的面团烤熟。基础的面包机只有下面一圈加热管，烘烤时会出现下面皮厚且上色深，而顶部上色浅或者不上色的情况。但好一点的面包机是有上下两圈加热管的，这样受热更均匀，膨发更好，烘焙也更有效率，上色更均匀美观，所以最好挑选双管发热的面包机。

★能自动投果料

面包面团在前期搅拌的时候是不能加干果、坚果一类的原料，如果加了会搅断面筋使面团发酵时无法膨发，只能在面团成形后再加入。如果你想做坚果面包又不想守在面包机旁等它发酵完了把面团取出来加果料，你就需要一台自动投果料的面包机。一般来说有这项功能的面包机都是高端面包机，价格不会便宜。但这项操作如果你不那么偷懒其实是可以用人工来完成的，而且很多自动投果料的面包机在操作中经常会出现卡壳投不下去的问题，所以要考虑一下就多这么一项功能比普通面包机贵3倍的价格是否划算的问题。如果你觉得有必要，那么选择这种面包机也是不错的。

了解以上几点，新手们可以根据自己的要求来考虑选择哪一种面包机。和烤箱一样，任何东西都不是最贵的就是最好的，关键是适合自己，合用的就是最好的。如果只用来和面，买个300元的和3000元的就没啥差别，如果需要面包机的某些功能，就根据自己的实际需要来选择即可。

面包机带烘烤功能，买了面包机是不是就不用买烤箱？

很多新手会觉得面包机能做的东西蛮多的，而且和烤箱一样也是烤管加热，买一台面包机是不是就能代替烤箱，有蛋糕之类的也可以放进去烤？这当然不行，面包机只能烤面包，准确一点说是只能烤大的吐司面包，如果做需要整形的小面包、蛋糕、饼干、比萨、馅饼等，还是需要烤箱来烤，面包机是无法代替烤箱的。

厨师机买进口的还是国产的？

厨师机最大的消费群体是专业的烘焙"发烧友"，这些人对烘焙有更高要求，愿意为了更完美的作品追求哪怕一丁点细节上的差异。所以他们对厨师机的要求也就更高，更苛求细节上的完美。

对于专业烘焙业人士来说，厨师机的第一品牌当然是KENWOOD（英国凯伍德），这家成立于1947年的公司拥有当今全球公认专业且具知名度和影响力的厨师机品牌。不可否认KENWOOD的厨师机确实无可挑剔，功率更强，电机性能更稳定，运行噪声更小，可是相对的，价格也是相当的不便宜。买个最基础款的也在4000元左右，稍高端一点的配置就在8000元以上，如果想另增加配件，任何一个配件也在500～1000元，所以这并不是大多数人能够消费得起的。

那么更便宜的国产厨师机是否就真的很差呢？其实不尽然。不可否认有很多国产山寨货品质确实不行，早些年出过很多卖几百块一台的国产山寨厨师机用不了几天电机就烧坏的事情，以至于后来焙友们对国产货产生了不信任感，认为买厨师机只能买进口的，国产货根本不能用。

不过这些年经过国内烘焙市场的发展，原来做出口的厂家看到了国内家庭烘焙市场的潜力，所以更专心致力于国内市场的发展，对国产厨师机的品质提升起到了很大的推进作用，现在市面上只要是专业烘焙用品大厂出的厨师机，产品质量都是很有保证的，所以花更低的价格买国产的厨师机我认为还是更划算一些。国产厨师机价位从700~2000元都有，也有各种相应的配件，不失为一种性价比更高的选择。

打蛋器

打蛋器一般分为手动打蛋器和电动打蛋器2种。

手动打蛋器、电动打蛋器的差别和适用

手动打蛋器和电动打蛋器的差别就在于一个是用人力手打，一个是利用电机旋转搅拌。2种打蛋器各有各的优势和弊端，所以根据实际需要灵活调节才是最适合的。

手动打蛋器一般用于无需过分打发的鸡蛋糊和面糊的搅打，也可用来做面糊等材料加热时防煳底的搅拌工具，优势是小巧轻便，由人力控制可自由调节力量和频率。

电动打蛋器一般用于需要高度打发的蛋糊或者面糊，尤其在做蛋糕和打发奶油的时候。因为电机的高速旋转，使蛋清或者奶油在较短的时间内充分搅打至硬性发泡，这是人力不可超越的。

手动打蛋器分大小不同的各种型号，一般大一些的打蛋器适合搅打分量更多的蛋糊或者面糊，而小剂量的面糊和蛋糊如只有1个蛋或者蛋黄的，就适合用小号打蛋器。一般家庭烘焙买2个型号，1个中号（或者大号）再加1个最小号即可。

电动打蛋器分手持和桶式2种。

手持打蛋器操作起来更方便灵活，而带桶的打蛋器更方便懒人。其实我个人更推荐手持的，因为有些蛋糊、面糊分量比较小的时候需要将打蛋盆倾斜一定角度才更好搅打，一手拿盆一手持打蛋器，一个大拇指就可以快速调节换挡，两手配合搅打更方便。

选择打蛋器的要点

★选择电动打蛋器最关键是选择功率

目前市面上销售的电动打蛋器功率不尽相同，一般额定功率在50~300瓦之间，建议大家尽可能选择功率稍大的电动打蛋器，尤其做法式海绵蛋糕这一类需要长时间和高效率打蛋的，就最好选择大功率的打蛋器。一般家用打蛋器额定功率最好不要选低于100瓦的，因为功率太小的话，意味着打东西需要更多的时间，而且一般低功率的打蛋器冒牌山寨产品较多，非常容易坏掉。

★搅拌棒的材质也非常重要

廉价的搅拌棒一般是用二次回收的金属材料制造，耐用性差，而且用久了还可能出现生锈、外皮脱落的现象，对食材的安全性造成很大的风险。而优质的搅拌棒一般采用不锈钢材料制成，材质安全可靠，永不生锈。

★挡位比较多的打蛋器更适合专业烘焙

打蛋器的挡位主要用于控制打蛋速度。不同食物适合用不同速度来搅拌，即使同一种食材因为操作要求，也会有先慢后快或者先快后慢等选择，所以尽可能选购挡位调节较多的打蛋器。

★散热好的打蛋器使用寿命更长

打蛋器在工作时由于一直处在高速的运转中，短时间内会产生较大的热量，如何散热就成了关键所在。劣质的电动打蛋器无专门散热设计，一般用1~2分钟就能明显感觉电机很烫，甚至有一股烧焦的塑料味。而优质的打蛋器会设有专门散热的透气孔，运用气流式的原理进行散热，能有效地延长产品的连续工作时间与电机使用寿命。

桶式电动打蛋器　　　　　　手持式电动打蛋器　　　　　手动打蛋器（大号和小号）

打蛋盆

打蛋盆的材质

现在市面上的打蛋盆品种多样，但一般分为3种材质，即不锈钢、玻璃和塑料材质。3种材质的打蛋盆各有优劣，所以这里分开讲述。

 不锈钢打蛋盆

优点：经久耐用，最耐打耐刮，搅拌头长时间摩擦内壁也不会出现划痕，遇到需要加热的制作，如焦糖汁、奶黄酱等，可以直火或者电磁炉加热，可以当锅用。

缺点：不能长时间放置食材，有些食材搅拌后要放入冰箱冷藏数小时或者过夜，不锈钢材质不耐酸碱，释放的一些金属物质对人体无益。所以用不锈钢盆搅打后，如果要保存食材，就得换成其他容器。

 玻璃打蛋盆

优点：玻璃是释放量最少最安全的材质，而且光滑度高，食材不容易黏糊，更易清洁。玻璃透明度高，当需要长时间放置如发酵的食材时，玻璃盆更便于观察状态。

缺点：强度没有不锈钢好，没有不锈钢耐磨耐摔。所以这里特别提醒一下，用玻璃材质的碗做打蛋盆，一定要选择厚的钢化玻璃，不要用普通玻璃，普通玻璃在打蛋器高速旋转摩擦时很容易破裂。

 塑料打蛋盆

优点：价格更低廉，经济实惠，买4~5个塑料盆只抵1个不锈钢盆或者玻璃盆的钱。不锈钢打蛋盆会摔变形，玻璃打蛋盆会摔碎，但塑料的只要不大力猛摔基本不会破。

缺点：不耐磨，长期使用后会有明显划痕，而且塑料的材质也会有一些有害物质的释放，不如玻璃材质安全。

如何挑选打蛋盆

综合以上3种打蛋盆的优劣，我个人还是更倾向于选择不锈钢打蛋盆，而如何选择一个好的不锈钢打蛋盆，有几点非常重要。

★材质要厚

太薄的不锈钢强度不够，摔着磕着时容易变形，加热的时候容易烧黑。

★盆身要高

打蛋盆一定要足够高，打蛋头高速旋转时食材才不会打得到处飞溅。

★大大小小多买几个

不要只买1种大小或者只买1个打蛋盆，最好大大小小买3个以上。因为很多烘焙的操作是需要蛋黄、蛋白分开打发的，所以至少需要2个打蛋盆；而做大分量时小盆装不下，小分量时大盆不好搅打，所以一定要各种大小都备一些才方便操作。

★带有多种功能

现在的打蛋盆除了打蛋还会有更多的附加功能，如带刻度表的可以知道面糊的准确分量，带尖嘴更易于倒出不会流得到处都是，带把手更容易掌握操作等。

成套打蛋盆

多功能打蛋盆

刮刀

刮刀是烘焙必备基础工具，一般用作碾压、翻拌、混合、清洁等作用。

刮刀的种类

刮刀一般分为硬质刮刀和橡皮刮刀2种。

硬质刮刀 一般用硬质塑胶或者硅胶制成，也有木质的，有一定的厚度和硬度，用来碾压黄油或者奶油奶酪时很方便。

橡皮刮刀 一般用软质橡胶制成，有一定的柔软性，比较薄，用来翻拌、混合食材，利用橡皮刮刀柔软贴合的特性，也可将打蛋盆内的食材充分刮取干净，绝不浪费。

选择刮刀的要点

硬质刮刀要选择厚实一些的，材质抗压性要好，不要选择很薄的生胶材质的刮刀，用来碾压不够结实，碾黄油使不上劲，使大力就压断了，当橡皮刮刀使用又不够软，碗壁刮不干净。

橡皮刮刀首先要挑橡胶部分薄且柔软性和弹性好的，买之前按一按，轻易可以压弯松手马上还原的就是好的。

另外要选择一体成型的，即手柄和刮头之间是没有空隙的，不要选择刮头和手柄是分开的。头柄分开的虽然在功用上没有区别，但非一体成型的刮刀有个缺点，就是时间长了之后，手柄和刮刀的接缝处会生霉菌，即使每次用完都清洁，时间放长了还是会长霉。

为了健康还是选择一体成型的刮刀比较好。

刮板

一般分平角刮板和锯齿刮板2种。

平角刮板 一般用来分切面团、刮起粘连在案板上的原料或者粘在手心上的原料，也可在制作蛋挞、派时用来去除多余的面皮。

锯齿刮板 一般用来给奶油蛋糕抹出花纹，一般三角锯齿刮板有大小形状三种不同的齿，可以刮出不同的花纹。

平角刮板　　　　　　　　锯齿刮板

平角刮板用来分切面团

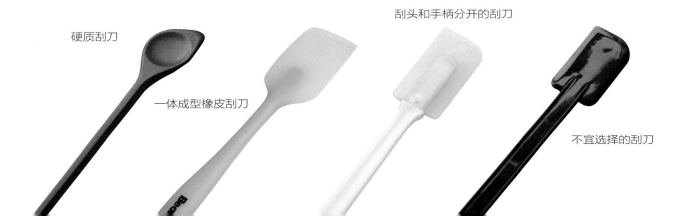

硬质刮刀

一体成型橡皮刮刀

刮头和手柄分开的刮刀

不宜选择的刮刀

分蛋器

金属分蛋器　　　　　　塑料分蛋器

一般用来分离出蛋黄与蛋白，很多烘焙配方里只用蛋黄或者只用蛋白，也有3个蛋黄2个蛋白这种多少不一的配方，尤其戚风蛋糕是一定要蛋白、蛋黄分开打发，所以分蛋器就变得非常有必要。

现在市面上有金属分蛋器和塑料分蛋器2种，其实在使用功能上基本没有区别，金属的更经久耐用，塑料的更经济实惠。选择在于各人喜好，没有分蛋器的时候，把鸡蛋打到碗里用勺子或手来分离白、蛋黄也是可以的。

面粉筛

大部分烘焙中的面粉都需要过筛，过筛后的面粉更细腻不粘连成团，才能使成品拥有更精细的口感。而在制作大部分的面包、蛋糕馅料时，面糊或者南瓜泥、紫薯泥等都是需要碾压过筛才能得到更细腻的质感。

现在市面上的面粉筛基本上分以下几种：

我个人更推荐第3种带长把手的，因为像制作意式软奶酪这种需要把酸奶倒在筛网上放置冰箱6小时以上的，就必需使用这种长把的面粉筛。只有这种可以架空置于碗边的面粉筛，完成酸奶和乳清的分离。另外，如果用来制作南瓜泥等烘焙馅料的时候，只有长把筛网可以架空和受力，再用橡皮刮刀用力碾压即可，更实用，操作起来更方便。

另外一定要注意的一点是，筛网的网眼大小是有分别的，一般比较密的细目筛用来筛面粉，稍粗一点的用来筛杏仁粉或者过滤蔬果泥和面糊。一般来说粗目、细目一样要买1把。面粉筛的型号也分大小的，最好小的也买1把，因为一些小蛋糕或者甜品会筛一些糖粉或者可可粉、抹茶粉之类的做表面装饰，因为用量非常少，用大筛子操作会挡住视线，最好备上1把小号的面粉筛。

所以一般家用烘焙3把筛子足矣，1把粗目，1把细目，1把小号的即可。

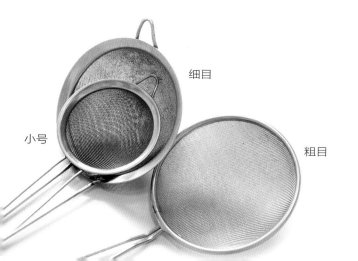

细目

小号

粗目

擀面杖

无论中式面点还是西式面点，擀面杖都是必不可少的工具，一般用来擀开面皮、派皮、饼皮，或者给面包面团排气，竖起来也可当捣杵用。建议图中3种擀面杖1种备1个。1个长而平的适合擀大面积的面皮或者派皮，可保证厚度一致；一个小的中间鼓两头尖的，可将小的面皮擀开成大的面皮，或者将厚薄不均的面皮推开擀匀；1个厚蹾的，用来擀压长条形状的面团相对会比较方便。

厨房秤

作为烘焙最重要的计量工具，厨房秤是一定必备的，因为烘焙就和做物理化学实验一样，有着精确到几点几克的精细配方，同时要求制作者必需保持严谨的态度。分量上小小的误差，就有可能影响到成品的口感好坏，甚至是烘焙的成败，失之毫厘，谬以千里。所以一台精确精准的厨房秤非常重要。

现在市面上厨房秤品种多样，材质多样，样式多样，但从计量原理上就分为2种，1种机械秤，1种电子秤。

机械秤价格更便宜，但使用起来实用性没有电子秤高。机械秤计量的精准性没有电子秤高，电子秤可以精确到克，有的甚至可以精确到毫克，而机械秤只能从指针区间去估摸，对于重量改变的灵敏性也没有电子秤高。

更重要的是，电子秤最大的优势是带有去皮称重功能，比如说在同一容器内装入不同食材，100克面粉、50克鸡蛋、30克牛奶之类的，如果用机械秤操作就只能一次次去记住不同食材的分量，然后记住每一次加入后重量的和，加了100克牛奶再加50克鸡蛋是150克，再加30克牛奶就应该是180克等。如果食材种类多的时候，非常容易混乱，加到最后不记得正确的应该是多少克，而已经混合的材料又不能再倒出来，这时候就会非常让人抓狂。

所以这里用有去皮称重功能的电子秤就方便多了，容器的重量可以归零，每一种食材加入后按一下去皮重量也可以再归零，这样你只需要在每一次加入新的食材时记住这一种食材应该是多少克就好了，操作起来省心多了。

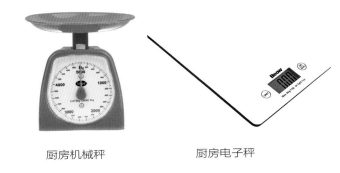

厨房机械秤　　　　厨房电子秤

量杯

用来称量液态食材比较方便的工具，很多配方里液态食材都不是以克来做计量单位，而是以毫升（ml）来做计量单位的。一般来说100毫升水等于100克，可是不同的液体密度不一，重量也不一。100毫升牛奶或者100毫升全蛋液就不是100克。为了统一计量的方便，很多配方里就会把液态食材全部用毫升来计量，所以量杯就变得非常重要了。

玻璃量杯

塑料量杯　　　　不锈钢量杯

烘焙用量杯一般有塑料和玻璃2种材质，也有不锈钢材质的，但因为不锈钢材质不透明，无法清晰看到量杯里液体的刻度，所以还是塑料和玻璃的比较实用。

现在市面上的量杯有多种刻度显示的，一种是国内通用的，以毫升为单位刻度的，一般有30~5000毫升不等的多种规格。一般家用烘焙推荐买个500毫升的就够用了，不用买太大或者太小的，也无需大大小小买一堆；而另一种是国外通用的，以cup（杯）或者pint（品脱）、ounce（盎司）为单位刻度的。

一般国内的烘焙书给出的配方都是以毫升为单位的，所以这几种量杯对中国人来说并不实用，只不过对有些专业焙友来说，手上有国外原版书的烘焙配方，又懒得一个个剂量去换算的，买一个西式的量杯也会方便很多。市售量杯中也有双刻度对比的，使用起来更加方便。

当然如果你不怕麻烦，下面的单位换算表可以帮助你快速地换算出我们习惯的计量单位。

品脱量杯

cup量杯

盎司量杯

双刻度量杯

液体单位

英文	中文	缩写	常用换算
teaspoon	小勺	tsp	1 teaspoon = 5ml
tablespoon	大勺	tbsp	1 tablespoon = 15ml
cup	杯		1 cup = 240ml
millilitre	毫升	ml	
litre	升	L	1 L=1000ml
ounce	盎司	oz	1 fluid ounce = 30ml
pint	品脱		1 pint =2 cups= 480ml
quart	夸脱		1 quart =4cups= 960ml
gallon	加仑		1 gallon =4 quarts= 16 cups =3.84L

干性物质称量

英文	中文	缩写	常用换算	备注
ounce	盎司	oz	1oz=28.35g	
pound	磅	lb	1lb=16oz=0.4536kg = 453.6g	一般称重454g

一般材料换算

	1cup	1tbsp	1stick
黄油	227g	13g	113~114g
面粉	120g		
细砂糖	180~200g		
粗砂糖	200~220g		
糖粉	130g		
碎干果	114g		
葡萄干	170g		
蜂蜜	340g	21g	
花生酱		16g	
玉米粉		12.6g	
可可粉		7g	
奶粉		6.25g	
盐		5g	
小苏打		4.7g	
泡打粉		4g	
塔塔粉		3.2g	
干酵母		3g	

量勺

在称量大分量的面粉、鸡蛋、水、牛奶之类的食材时，用电子秤比较方便。但一些很小分量的烘焙原料，如少量的泡打粉、小苏打等膨发剂，一般只有1克或者1克以下，如果用电子秤来称量就会非常不方便，所以量勺就应运而生了。

不同的量勺规格可能略有不同，一般分为4~6个一套。

4个一套的一般从大到小依次为1大勺、1小勺、1/2小勺、1/4小勺。

5个一套的一般从大到小依次为1大勺、1/2大勺、1小勺、1/2小勺、1/4小勺。

6个一套的一般从大到小依次为1大勺、1/2大勺、1小勺、1/2小勺、1/4小勺、1/8小勺。

4个一套的量勺

特别说明一下：

1大勺 =1 tablespoon（简称 1tbsp）=15ml

1/2大勺 =1/2 tablespoon（简称 1/2tbsp）=7.5 ml

1小勺 =1 teaspoon（简称 1tsp）=5 ml

1/2小勺 =1/2 teaspoon（简称 1/2tsp）=2.5 ml

1/4小勺 =1/4 teaspoon（简称 1/4tsp）=1.25 ml

1/8小勺 =1/8 teaspoon（简称 1/8tsp）=0.62 ml

在烘焙配方中一般会说1大勺、1小勺或者半小勺这样的就是指量勺，而有些人习惯用1大匙或者1小匙来表达，其实同样也指的量勺。

切记1大勺、1小勺或者1/2小勺等都是固定的，按标识来取量就可以了，不要看配方里写1/2小勺，就顾名思义的用你那套量勺里最小的勺子去称一半，那剂量就不对了。

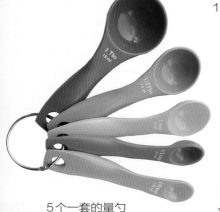

5个一套的量勺

另外要特别注意有些专业烘焙书中会以简写来标注剂量，如朗姆酒1T，或者泡打粉1t，这里就要特别注意大小写的区别了。

1T=1大勺 =1 tablespoon（简称 1tbsp）=15 ml

1t=1小勺 =1 teaspoon（简称 1tsp）=5 ml

6个一套的量勺

油布、油纸和锡纸

烘焙中有些食材经过高温后会熔化、焦化形成粘连，如果直接将这类食材置于烤盘上烘焙，每次烤完之后清洁烤盘会非常麻烦。而且如果食材粘在烤盘上取不下来的时候，会影响成品的完整性和美观性，所以这个时候隔离用的油布、油纸和锡纸就非常有必要了。

油布　　　　油纸　　　　锡纸

这3种纸虽然功能上基本一样，但使用的领域也有细微的差别。

油布和油纸、锡纸的差别在于，油布可以反复使用，而油纸和锡纸是一次性使用的，用完就得扔。所以如果想环保节约，用油布当然是最省的，但如果嫌清洁起来麻烦，用油纸和锡纸就方便得多，用完直接扔，当然烘焙的成本相应会高一些。

给慕斯框包底的锡纸　　　　给活底蛋糕模包底的锡纸

另外和油布、油纸相比，锡纸有很多不可替代的作用：一是因为其有一定的硬度和可塑性，做慕斯或者水浴法烘焙的蛋糕时，可以用锡纸给慕斯框或者活底蛋糕模包底，起到定形和隔离的作用；二是在烤面包或者蛋糕时为防止

手绘蛋糕时会用到油纸　　　　用油纸做裱花袋

表面上色过深，烘焙中途在蛋糕或者面包表面加盖锡纸起到隔热的作用；三是烤红薯、烤鸡等时可以将食材用锡纸包裹起来烘烤，比用油纸或油布要包得紧和结实。

而油纸因为其光滑、透明、可涂写等特性，用来做手绘蛋糕卷或者自制超小号裱花袋时有着不可替代的作用。

刷子

烘焙专用的刷子一般用来给面包、饼干、点心之类的表面刷上蛋液或者其他原料，一般有羊毛和硅胶2种材质。

羊毛刷的好处是更柔软、更细腻，用它来刷蛋液时刷得更均匀，所以烤出来的面包、点心表面上色均匀，缺点是不耐用（用不了多久就会打结变硬），不耐高温（给烧热的模具、锅具刷油时很容易把刷毛给烧糊了），不易清洁（每次要用洗洁净揉搓清洗）。而硅胶刷的好处是耐用、耐高温、容易清洁，但缺点是没有羊毛刷刷液细腻均匀，蛋液或者蜜蜂黄油类的会结成

羊毛刷子

硅胶刷子

比较大的斑块或者水珠，烤出来的面包、点心会上色不均。2种刷子各有利弊，这就要随个人喜好来选择。就我个人来说，为了烘焙的成品更好看，我还是会选择羊毛刷，哪怕清洁起来会麻烦些，而且基本上半年就要换一把。

另外给用羊毛刷的朋友一点小建议，羊毛刷用完后要及时用洗洁净清洗，尤其蛋液、黄油之类的如果没有及时清洗，时间一长会结成块，很难清洗。万一刷毛变硬结成块，可将刷子在温水中泡一会儿再洗就比较容易清洁了。清洗完成后要将刷子理顺，将水甩干，再把刷子置于通风处晾干，避免天气潮热时长霉。再次使用时如果感觉刷毛比较硬，也可将毛刷先用水泡一泡，甩干水分或用干毛巾吸去多余水分再使用就可以了。

刀具

锯齿刀——用来切面包或者蛋糕，尤其给吐司面包切片时，用锯齿刀会非常方便，利用锯齿来回拖拉的力来切割面包，可以避免面包或蛋糕在分切时因下压力而变形。

长直刀——用来分切慕斯、奶油或者芝士类的蛋糕，因为要求切面平整光滑，所以这里就不能用锯齿刀，需要快而锋利且刀身刀刃薄的长直刀。

奶油抹刀——用来给蛋糕表面涂抹奶油用，裱花类装饰蛋糕的必备工具。

比萨滚轮刀——利用滚动原理切割的刀具，一般用来分切比萨或者派皮，可以不依靠尺而切割出直线，也有花边形状的滚轮刀，可以切出波浪纹的面皮。

芝士刨刀——多数用于将马苏里拉芝士刨成细碎的丝，也可用于制作巧克力碎屑或者将蔬菜水果刨碎。

拉网刀——利用特殊的齿刃切割出网状的面皮，一般用来切割干层酥皮。

巧克力刨刀——可用来制作铲花巧克力，也可给柠檬去皮。

脱模刀——脱模刀具实并不是完全意义上的刀具，它一般是塑料的且没有刀刃，因为其薄且圆滑的边缘，一般用来给蛋糕、面包脱模时可以完全分离又不划伤模具和面包体。

比萨铲

晾网

面包、蛋糕、饼干出炉后都带有一定的水分，所以需要放置在架空的晾网上冷却，以免水蒸气回吸导致面包、蛋糕的塌陷回缩或者饼干不够酥脆。

硅胶垫

　　制作饼干、面包、派皮时需要揉和面团或者擀开饼皮，在砧板上操作不够光滑，揉面会粘连需要撒大量的干粉防粘，擀出的派皮或者饼皮不够平整，在厨房案板上操作又不够卫生，这时硅胶垫就不可或缺了。直接垫硅胶垫，揉面不粘，不用撒粉，擀出的面片非常光滑平整，方便操作，省时省力。

　　市售的硅胶垫一般有纯色和带刻度轮盘2种，纯色的适合熟练的人，带刻度的适合新手，可以更方便地擀出标准大小的圆形面皮。

普通硅胶垫　　　带刻度的硅胶垫

　　选择硅胶垫时注意选择表面光滑、有一定厚度又足够柔软的，太薄的硅胶垫在操作面团时容易粘起或者滑动，厚一些的硅胶垫在案板上抹少量水后再铺上就贴合得非常紧密，操作时不容易粘起或滑动。

裱花装饰工具

裱花嘴——利用不同形状的齿口配合裱花袋和转头可以挤出各种不同的花纹和形状，一般用来做奶油蛋糕的裱花，也可以用来挤饼干糊。

裱花袋——分塑料和布2种材质。布裱花袋可重复使用，但使用后须清洗，所以一般比较常用的是塑料的一次性裱花袋。但塑料裱花袋的强度不如布裱花袋，挤曲奇饼干这类比较干的面糊时，尤其冬天时面糊更硬，塑料裱花袋容易挤爆，所以布裱花袋也还是有必要备一个的。裱花袋也分大中小不同的型号，一般家用小号或者中号足矣，大号的很少有机会用得到。

挤酱笔——用于写字、描边或者点小点点的装饰，挤酱笔就非常实用，很少量的原料操作时用挤酱笔比用裱花袋方便。

温度计

厨房专用温度计——用于测试液态食材加热的温度，如油温、水温或者巧克力糊的温度，使用时直接插入油、水或者巧克力糊里即可。切记不可用人体体温计来代替厨房用温度计，因为人体体温计的最高温度只有60℃，而厨房内需要测温的水或者油一般会超过100℃或者200℃，体温计的材质是玻璃的且内含水银，在接触高温时容易爆。水银有剧毒，如果不慎与食材接触，误食后会引起中毒。

烤箱专用温度计——放在烤箱内测试烤箱内部温度用，因为需要整体入烤箱，必须经得起高温长时间烘烤，所以烤箱温度计一般整体是金属材质，面板是钢化玻璃的。切记不可用厨房温度计来代替烤箱温度计，因为测温原理不一样，且厨房温度计的柄一般是塑料的，入烤箱会烤化了。

烘焙模具

按材质分

 普通铝质模具——优势是耐刮耐划、不会生锈，所以保养更容易，而且价格相对便宜，缺点是不防粘，脱模时不如不粘模具光滑平整，所以需要事先垫纸或涂油

 不粘铝质模具——是普通的铝质模具添加了不粘涂层，所以防粘效果更好、脱模更容易，但缺点就是不耐刮、不耐划，清洁时要注意只能先用水泡，然后用软布清洗擦拭

 **铁质模具**——现在市售的铁质模具一般都是不粘材质，所以脱模更容易，但铁质模具最大的缺点除了不耐刮，最麻烦的是每次用完后边边角角一定要完全清洁干净，而且清洁过后模具要入烤箱烤干，否则很容易长霉点或者生锈

 瓷制模具——一般用于不脱模的点心，烘焙成形后连同模具一起上桌，当做餐具容器使用的，所以都有漂亮的造型或者颜色，并且特定的造型配特定的功用，如舒芙蕾碗是圆形带齿边的，千层面盘是长方深盘，鱼盘和焗饭盘是椭圆的等

 硅胶模具——相比金属模具价格更低廉，脱模时不粘还可以反转折叠，所以也更方便灵活，缺点是如果用来做费南雪、玛德琳、可露丽之类的需要反面上色的糕点时，上色没有金属模具深，所以建议用硅胶模具来做不要求上色的烘焙，或者冷藏凝固类的点心

 塑料模具——塑料不能入烤箱烘烤，所以烘焙型的模具没有塑料的，只有饼干切、慕斯杯、果冻模、月饼模有塑料材质的

 纸质模具——一般做玛芬类的小蛋糕会用到纸质模具，各种各样的花纹图案摆盘时会非常漂亮，缺点是只能是一次性的，不能反复使用，所以成本相对会高一些，但优点也是一次性的，方便外带送人，吃完直接扔。同时纸模也方便脱模，如做熔岩巧克力蛋糕这种半熟蛋糕时直接把纸模撕掉就好，更能保持成品的完整性，比起用硬质模具还要挖出来脱模要方便得多

 木质模具——一般不常见，只在做特定类型的烘焙时会用到木质模具，如切片饼干或者长崎蛋糕都有专用的木质模具，如果没有也没关系，用慕斯框其实也是可以代替的

按功能分

可分为面包模具、蛋糕模具、饼干模具、挞派模具、比萨模具、月饼模具,这些模具可以根据需要来酌情购买,但对于新手来说,最开始不用一次性购买很多模具,那么基础模具中哪些是必备的呢?

其实对于烘焙模具来说,除了吐司模具是纯粹的面包模具,其他任何模具都是可以通用的,基本上所有的蛋糕模具都可以用来做面包,所以吐司模具一定是必备1个的。

吐司模

中空双底可
替换

6寸、8寸圆形活底蛋糕模具

而蛋糕模具的品种就非常多了,各种材质各种造型的模具都有,可按各人喜好来配置,基本上最常用的必备品有6寸、8寸圆形活底蛋糕模具,最好是中空和圆形双底可替换的,这样就可以一模做2种形状的戚风,一般做裸戚风时用中空模,做裱花奶油蛋糕之类的用圆形的。

9寸不粘固底方形蛋糕模,做法式海绵和蛋糕卷必备,也可用来做排包、做方形比萨,因为盘深也可用来烤鸡、烤鸭,真正一盘多用,非常实用的一款基础模具。

长方纯平直角不粘烤盘

9寸不粘固底方形蛋糕模

长方纯平直角不粘烤盘,一般买烤箱会配送1~2个烤盘,但配送的烤盘一般不是纯平直角,也都是普通材质并非不粘,为了做蛋糕卷、面包和饼干时底面平整,也为了更好脱模,不切边角料,另配1个纯平直角不粘烤盘是非常必要的。只是注意买的时候要注意量一下你的烤箱内空,买比烤箱内空小一号的尺寸,烤盘买大了放不进烤箱。

纸杯小蛋糕模具

纸杯小蛋糕模具，烘焙新手最先都是从成功率比较高的小蛋糕开始做起的，纸杯模具小巧轻便不占地方，而且价格便宜，在烘焙初学阶段不想花太多钱去置模具时，纸质模具是很不错的选择。

铝制饼干切

立体饼干模

饼干模具，常见的饼干模具一般有铝制和塑料2种。铝制的一般只用来切平面饼干，而塑料的饼干模除了和铝制的一样有切平面的，也有可以制作立体饼干的花式模具。饼干切一般价格不高、经济实用，买1个可以切一堆，所以喜欢的可以各种样式备一些。

2种形状的慕斯框，最好1个圆形1个方形，大小随意，6寸或8寸均可。因为裱花奶油蛋糕需要一定的基础，而慕斯蛋糕相对比较简单，制作成糊冷藏凝固即可，所以初学者成功率最高的花式蛋糕就是慕斯蛋糕。除了慕斯框之外，塑料的慕斯杯也是不错的选择，相比起要脱模要分切的慕斯框，慕斯杯就更方便容易，做好了直接拿个勺子挖着吃就可以，而且价格更便宜，所以也是非常实用和必备的。另外，各种玻璃杯、酒杯、布丁瓶等也是可以拿来当慕斯杯用的。

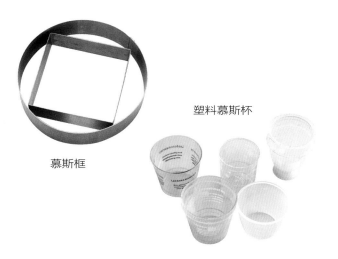

慕斯框

塑料慕斯杯

除去以上的基础模具，类似轻乳酪模具、磅蛋糕模具等，就随各人喜好和需求来配置了，想做什么烘焙就再去买什么模具，尤其对于那些很偏门的模具。如果不是经常做烘焙的"发烧友"，如果没有信心把烘焙这件事持之以恒的，就没必要置办上一大堆的模具，到头来可能只是扔柜子里。

挞派模具,挞和派也是烘焙中最基础最常用的品种,挞模和派盘也有各种形状大小和材质不同的,固底活底都有。鉴于现在做蛋挞大家基本上都买半成品的冷冻挞皮,所以一般家用最必备的就是下面这种5寸圆形活底派盘,买1个基本上可以做所有品种的派,还是非常实用的。

挞派模具

比萨模具,9寸不粘比萨烤盘,初学烘焙时,比萨是花样口味多变,制作成功率较高,而且人人爱做的一款,所以备个比萨烤盘是非常有必要的,也可以当大派盘用。

5寸圆形不粘活底派盘

9寸不粘比萨烤盘

木质月饼模具

塑料月饼模具

月饼模具可酌情购买,一般有木制和塑料2种,现在家用的月饼模具多是塑料制的,后推式的更方便操作,有各种大小和形状的模具,1个模具可配3种左右的花片,可做的品种是非常多的。

煎烤类模具

烘焙并非仅限于烤箱,有很多是利用煎烤的原理来制作的,如可丽饼、蛋卷、华夫饼等,这就需要用到以上这几种专用工具。除平底锅是一般家庭常备外,蛋卷模、华夫饼模还有鸡蛋仔模、章鱼烧模、鲷鱼烧模等都是专用模具,并且1种模具通常就只能做1种东西,所以这类模具如果不是经常会做的,建议不用都买,实用性不太大。

平底锅

华夫饼模

蛋卷模

烘焙基础原料

面粉

面粉的分类

我们常用的面粉一般按筋度分为高筋、中筋和低筋3种。所谓筋度是指面粉中小麦蛋白的含量多少，一般11.5%~13%为高筋面粉，8%~11%为中筋面粉，8%以下为低筋面粉。

★不同筋度的面粉适合做不同类型的面点

面粉筋度类型	适合的面点
高筋面粉	面包
中筋面粉	馒头、包子、花卷等中式面点
低筋面粉	蛋糕、饼干

★如何改变面粉的筋度？

有人问把低筋面粉里加入蛋白是不是就成了高筋面粉了呢？当然不是，因为面粉中的蛋白质是小麦植物蛋白，而鸡蛋中的蛋白质是动物性蛋白，2种蛋白质从本质上不同，所以在面粉中添加蛋白并不能增加面粉的筋度。

真正能改变面粉筋度的是在面粉中增加小麦蛋白。谷朊粉就是从小麦中提取出的天然谷物蛋白，在面粉中添加少量谷朊粉可以增加面粉筋度，提高面团的出筋率。但这种方法一般不推荐，因为不同筋度的面粉基本上是用的不同品种的小麦，所以在口感和成分上是有差别的，并不是只有小麦蛋白含量上的差异。只有实在买不到成品高筋面粉的时候，可以在中筋面粉里添加适量谷朊粉来充当高筋面粉，用这种面粉做出来的面包和正宗高筋面粉做的还是有一些差异。

★超市售的高筋面粉和低筋面粉是否适合做烘焙？

市售的面粉筋度并不适合于烘焙标准。

超市里售卖的面粉，上面一般写着高筋面粉的，事实上只有中筋，而那些写着所谓特筋面粉的，只适合用来做拉面、饺子，用来做面包的话，加酵母后膨发性不是很好，影响成品的口感。而超市的低筋面粉，往往又筋度不够低，用来做蛋糕，做出来像发糕，有弹性，一点也不膨松绵软。

★烘焙需要用烘焙专用面粉

烘焙需要用到烘焙专用面粉。一定要在包装上写着烘焙专用、面包粉、蛋糕粉，这样的面粉才是烘焙专用。

我常用的高筋面粉/面包粉的品牌是金像、新良，低筋面粉/蛋糕粉的品牌是美玫、新良，仅供参考。

这种面包粉和蛋糕粉一般在超市是买不到的，烘焙用品批发的地方有售，但都是大包装，一包几十千克，不适合家庭使用。所以建议网购，网上有小包装卖，一包1~2千克，每千克4~8元不等，比较方便。价格虽便宜却耗运费，几块钱的东西往往得搭上十几块的运费，所以有同城的卖家自提为好，没有的话也尽量挑省内的卖家，以节约运费。

★其他种类的面粉

烘焙常用的面粉还有玉米淀粉，即我们常用的生粉，它是一种完全不含筋度的面粉，所以可以用来降低面粉的筋度。一般在高筋面粉里添加适量玉米淀粉可变成中筋面粉，有些时候我们不希望面团太硬、筋度太高时可用这种方法来调节。但切记中筋面粉加入玉米淀粉不能变成完全意义上的低筋面粉，它只能少许降低筋度，用这种混合面粉来做蛋糕或饼干，口感会不好。

全麦粉，我们常用的面包粉是用小麦芯磨成的粉，而全麦粉是连同麦麸一起磨成的粉，含有更多谷物纤维，这种面粉没有麦芯粉白，口感没有麦芯粉细腻，筋度和发酵度都不如麦芯粉高，但如今提倡适量吃点粗粮的健康观念，全麦粉比麦芯粉要来得更健康，而且一般传统的欧包都是用全麦粉做的，所以全麦粉对于烘焙来说也是必不可少的。

裸麦粉是另一种粗粮面粉，很多人认为裸麦粉只是全麦粉的另一种叫法，其实不是。裸麦和小麦不是同一种植物，裸麦的蛋白质成分与小麦不同，不含有面筋，所以裸麦粉多数是与高筋小麦粉混合使用。

以上这2种面粉里含有大量膳食纤维，能促进肠胃蠕动，帮助人体排出体内垃圾。

另外，超市和网上也都有那种半成品的预拌粉出售，类似于香草蛋糕、布朗尼、全麦面包、慕斯粉这样的预拌粉，其实这些只是将所需材料按照剂量分配好了而已，仅仅节省了称量面粉、糖、盐的时间，如油、水、牛奶等配料还是得自己加，并不划算。家里有全套材料的，不建议买预拌粉。

肉桂粉

抹茶粉

调味粉

肉桂粉、抹茶粉、可可粉是烘焙中最常用到的3种调味粉。各种调味粉除了可以给点心制作带来不同的风味口感之外，也经常用作天然的调色剂。另外还有制作马卡龙常用的彩色粮食粉，如南瓜粉、草莓粉、紫薯粉等都能起到这样的作用。

可可粉

食用色素

烘焙中食用色素一般用来给奶油、蛋白霜、巧克力等调色用。如果能用天然色素代替时，不鼓励用人工合成色素。实在需要用到时，建议最好买进口色素，进口色素比国产色素安全等级高一些。

油脂类

黄油

黄油是从牛奶中提炼出的固态油脂，它是烘焙制作的主要材料之一，基本上99%的西点会用到。

黄油按成分分为动物性黄油和植物性黄油。植物性黄油并不是真正意义上的黄油，而是用植物油脂加添加剂制作出来的人工合成物，含有反式脂肪，人体无法正常代谢，对健康无益，所以不建议使用。

我们通常所说的黄油一般是指动物性黄油，按味道分为无盐黄油和有盐黄油2种。一般烘焙中用的都是无盐黄油，只有极少数情况会用到有盐黄油，所以配方中如果不备注无盐还是有盐，只写黄油多少克，那指的就是无盐黄油。

现在市面上卖得最多、最常见的就是安佳黄油，因为价格适中、品质中上，是性价比较高的一款黄油，但如果不太考虑价钱，还是推荐口感和品质更好的总统黄油。

片状黄油

一般是方形的切成片状的硬质黄油，也是动物性黄油，比一般普通黄油溶点要低，所以更适合用来做开酥类的点心，制作千层酥皮、可颂、丹麦、金砖必备。

还有一种片状的人造黄油——玛琪琳，相比起动物性片状黄油，它的价格更低，也是用作开酥用的，但因其是植脂奶油，含有反式脂肪，所以现在一般不提倡用。

色拉油、橄榄油

黄油虽然重要，但却并不是烘焙中唯一用到的油脂，很多配方里会需要用到植物油脂，如戚风蛋糕、海绵蛋糕和很多无需打发的点心都要用到色拉油。需要用到色拉油的烘焙配方都最好不要用其他液态油脂如菜籽油、花生油等代替，因为色拉油基本无色无味，不会对点心的口感造成影响，而其他品种的油味道比较大。

有些烘焙配方会需要有点香味的植物油脂，如植物油脂的饼干类的，比起大豆油、花生油，我个人更推荐用橄榄油，因为营养成分更高，口感和香味更好。

安佳黄油

总统黄油

色拉油

橄榄油

淡奶油和鲜奶油

淡奶油

淡奶油也称稀奶油,是牛奶中提炼出的天然动物性奶油,脂肪含量一般在30%~36%,相对于植物奶油更健康。淡奶油本身不含糖,所以打发时需要加糖。淡奶油一般用于做西餐的浓汤,西点的慕斯之类的甜品,也可用作裱花,但因其溶点比植物性奶油要低,所以裱花的成形和稳定性没有植物性奶油好。

鲜奶油是指植物性奶油(植脂奶油),主要是以氢化植物油来取代乳脂肪。1945年由美国维益先生发明,其优点为成本低(不足动物奶油的一半)、保质期长、不含胆固醇、口感好,本身含糖,打发时无需加糖,打发后用于裱花成形和稳固性好。鲜奶油优点众多,但含大量反式脂肪酸,另外氢化油对身体危害较大,可以被人体吸收,但无法被代谢出去。美国目前已经禁止在食品中添加氢化植物油。所以现在的烘焙书大多不建议用鲜奶油。

市面上用的最多的是雀巢的淡奶油,但雀巢的淡奶油并不适合裱花,如果需要裱花,推荐用欧德堡或者蓝风车的淡奶油。

鲜奶油

欧德堡淡奶油

不同油脂不同保存方法

黄油需要冷藏或者冷冻保存,在30℃室温下放置1天以上即会变质,所以网购时卖家会加冰袋,买回家也请第一时间放入冰箱。

淡奶油一般需要冷藏保存,不能冷冻。因为零度以下会使淡奶油水油分离,解冻后奶油会成渣,无法恢复光滑的液态,所以这也是为什么很多人都为解决淡奶油保存而发愁。淡奶油一开封就要尽快用完,即使装在消毒密封罐里,1周内不用完也会变质,所以家用的话一般不建议买1升装的大盒淡奶油,买250毫升装的比较好,开1盒可做1~2次,不会浪费。

鲜奶油需要冷冻保存,使用时提前6小时置于冰箱冷藏室回温,不要把冷冻的鲜奶油直接坐于热水中或者微波解冻,这样会使奶油水油分离。

蓝风车淡奶油

奶酪

奶酪（cheese）又名芝士、干酪，指动物乳经乳酸菌发酵或加酶后凝固，并除去乳清制成的浓缩乳制品。在糕点中加入奶酪，会给糕点带来非常浓郁而独特的风味，所以各种风味的奶酪制成的各式糕点千百年来经久不衰。

烘焙中常用到的奶酪品种

奶油奶酪

★奶油奶酪

奶油奶酪（Cream Cheese）是一种未成熟的全脂奶酪，色泽洁白，质地细腻，口感微酸，一般用来制作芝士蛋糕。我们常吃的轻乳酪、中乳酪、重乳酪、冻芝士等都是用它制成的。奶油奶酪一般冷藏保存，但即使冷藏保质期也非常短，开封后更容易变质，所以开封后要尽早食用。很多人说奶油奶酪不能冷冻保存，冷冻后再解冻的奶油奶酪会有大的颗粒结块，无法打发顺滑，失去了细腻的口感。其实也不尽然，只要不超过保质期，使用时提前1天置于冰箱冷藏室解冻，打发时坐于60℃温水中慢速搅打，一样可以搅打顺滑。

★马苏里拉奶酪

马苏里拉奶酪（Mozzarella Cheese），别名马祖里拉、莫索里拉、莫扎雷拉、莫兹瑞拉等，是意大利南部坎帕尼亚（Campania）和那不勒斯（Naples）地方产的一种淡味奶酪。未成熟时质地很柔顺，很有弹性，容易切片，成熟期1~3天，成熟后，就变得相当地软且有弹性，烘烤后会熔化并可拉出强力有弹性的丝，所以一般用来制作比萨和意大利千层面等。使用时需要刨成丝或者切成小丁、小条，为了使用方便，现在也有很多品牌的马苏里拉是直接切成丝卖的，就省去了自己刨丝的麻烦。马苏里拉需要冷藏保存，开封后保质期很短，如果一时吃不完也可以冷冻保存，但再解冻后拉丝性会差一些。

马苏里拉奶酪

★马斯卡彭奶酪

马斯卡彭奶酪（Mascarpone Cheese），是一种将新鲜牛奶发酵凝结，继而取出部分水分后所形成的"新鲜奶酪"。其固形物种乳酪脂肪成分80%。软硬程度介于鲜奶油与奶油乳酪之间，带有轻微的甜味及浓郁的口感。严格来说不能算是奶酪——因为它既非菌种发酵，也不是由凝乳霉制得的。其本身制作非常方便，是用轻质奶油（light cream，也就是通常所说的淡奶油）加入酒石酸（tartaric acid）后转为浓稠而制成。所以，马斯卡彭应该归类为凝结奶油，而非奶酪，就是因为它并非传统奶酪，以至于保质期短，难以保存，所以市售的价格一直很高昂。很多人都用淡奶油煮热后加柠檬汁或者白醋凝乳，然后过滤来自制马斯卡彭，虽然原理是一样的，但毕竟成分不太一样，所以成品口感会差别很大。

马斯卡彭奶酪

马斯卡彭是意大利最著名的甜点——提拉米苏的主要材料，所以如果想做提拉米苏，这一款奶酪一定是必备的。

切达奶酪／片状奶酪

★切达奶酪

切达奶酪（Cheddar Cheese），广东、香港那边习惯音译为车打芝士，是一种原制奶酪，或称为天然奶酪。它是由原奶经过灭菌、发酵、凝结、成熟等一系列复杂的加工工艺做成的。而再制奶酪，多半就是以切达奶酪作为原料制成的。切达奶酪水分含量为36%，脂肪含量为33%，蛋白质含量为31%，每100克切达奶酪含721.4毫克的钙，所以切达奶酪一直是世界各地妈妈们给孩子补钙和补充营养的首选。烘焙中最常见的用法就是用来做汉堡包的夹馅，也可切碎后制成奶酪条、奶酪蛋糕等点心，会有非常浓郁的香味。切达奶酪一般是单片包装，所以相对其他品种的奶酪保质期要长一些，平常冷藏保存即可，不用冷冻。

★芝士粉

芝士粉是由天然芝士经过粉碎工艺制造而成的。传统工艺采用磨碎法，颗粒较粗，一般用在餐饮食品业中。现代生产芝士粉多采用喷雾干燥法，颗粒细腻，外观类似奶粉呈乳白色至淡灰色。有些芝士粉产品为了在最终食品里体现芝士色泽，而人为添加了色素，因此呈黄色或橘黄色。因其浓烈的香味和独特的口感，很多饼干、面包、蛋糕等的配方中会用到芝士粉以增添风味。

因为是干制品，所以室温保存即可，开封后用不完的要及时盖严盖子，以防香味流失。

芝士粉／帕巴森奶酪粉

糖粉

细砂糖

粗砂糖

糖类

　　烘焙中会用到很多品种的糖，一般有冰糖、粗砂糖、细砂糖、糖粉、金砂糖、红糖、彩色砂糖以及各种装饰糖等。

　　烘焙中我们最常用的是白砂糖，一般我们在超市买到的白砂糖都是属于粗砂糖范畴的。这种糖溶点高，无论烘焙还是打发都不容易溶化，所以除了少数烘焙中会用到粗砂糖来做表面装饰外，一般烘焙中使用最多的是细砂糖或者糖粉。

　　细砂糖，顾名思义就是比粗砂糖细一些的白砂糖，也叫上白糖，一般用来制作方糖或者袋糖的原料，这种糖的颗粒大小一般只有粗砂糖的1/4~1/5，更易于溶化，所以一般烘焙中用的较多的也是这种糖。

　　而烘焙中使用更多的则是糖粉。糖粉就是把颗粒糖打磨成粉了，不过磨成粉后的糖容易粘连结块，所以如果不是当时用完，就需要防潮处理。一般烘焙用品店都有成品的防潮糖粉出售，当然如果买不到或者不想买也没关系，直接用500克冰糖或者粗砂糖加15克玉米淀粉用料理机打成粉即成防潮糖粉。糖粉用于打发时更方便，制作馅料时口感更细腻，也可用做甜点的表面装饰。

　　金砂糖和红糖是烘焙中较少用到的2种糖，一般只在特定烘焙配方中出现，如法式烤布蕾的表面就一定要撒金砂糖才能烤出颜色漂亮的焦糖表面，而澎糊黑糖糕之类的点心里用到的是老红糖或者黑糖。

　　彩色砂糖和各种装饰糖等基本都不是用在烘焙的调味上，一般是用在甜点的表面装饰，因多彩的颜色和丰富的造型能给普通的甜点带来不一样的花样变身。

冰糖

金砂糖

装饰用造型糖

彩色砂糖

七彩糖针

装饰糖珠

发酵剂、膨发剂

干酵母粉

烘焙并不仅仅是简单的面粉、鸡蛋和糖的混合，很多时候我们需要将面团发酵或者膨胀来获得更松软的口感，这时候发酵剂和膨发剂就非常有必要。

烘焙面点中用的最多的发酵剂就是干酵母粉。

国产酵母品牌中最常见的是图右这种安琪酵母，但请注意这种酵母只适合用来做包子、馒头等中式面点，不适合做面包。因为面包配方中的糖含量比较重，大量的糖会杀死普通酵母菌中的活性细胞，所以真正适合做烘焙的是耐高糖酵母。

普通酵母　　　耐高糖酵母

专业烘焙人士会选择法国燕子耐高糖酵母。常见包装是500克1包的，但事实上做1次面包只用得上几克，酵母粉开包后要密封冷藏保存，而且时间一长酵母菌就会失去活性，面团就发不起来。所以买大包的长时间放置会失效，很可能用不完到最后都浪费，建议买现在新品小包装5克1包的，用起来会比较方便。

法国燕子耐高糖酵母

小苏打

小苏打化学成分名称为碳酸氢钠，是由纯碱的溶液或结晶吸收二氧化碳之后制成碳酸氢钠的。所以，小苏打在有些地方也被称作"食用碱"。小苏打呈固体状态，圆形，色洁白，易溶于水。固体50℃以上开始逐渐分解生成碳酸钠、二氧化碳和水，440℃时完全分解。碳酸氢钠是强碱与弱酸中和后生成的酸式盐，溶

小苏打

于水时呈现弱碱性。此特性可使其作为食品制作过程中的膨松剂。碳酸氢钠在作用后会残留碳酸钠，使用过多会使成品有碱味。

泡打粉

泡打粉的成分是由小苏打粉配合其他酸性材料并以玉米粉为填充剂的白色粉末。用于饼干、蛋糕等点心的制作，是一种复合膨松剂，也是一种快速发酵剂，与饼干面团或者蛋糕面糊混合后就可以直接烘烤，无需等待发酵。

泡打粉

★小苏打和泡打粉不能代替酵母粉

两种发酵剂的原理不一样，酵母粉的发酵原理是利用酵母菌在30℃左右的温度与较高湿度的环境中会大量繁殖的特性。酵母菌在繁殖过程中利用淀粉转化成葡萄糖来满足自身营养需求，并会代谢分泌出大量二氧化碳、水和ATP，这些气体和物质充斥于面团中会使面团膨胀产生气泡和空洞，拉伸面筋提高面团的弹性，从而能成就面包松软的组织并带来甜中带微酸的口感。

泡打粉的成分是由小苏打粉配合其他酸性材料并以玉米粉为填充剂的白色粉末。其特性是在接触水分时，酸性及碱性粉末同时溶于水中而起反应，有一部分会开始释出二氧化碳，同时在烘焙加热的过程中会释放出更多的气体，这些气体会使产品达到膨胀及松软的效果。

正因为两种发酵剂特性不同，所以针对不同烘焙制作时不能混用也不能代替。酵母粉发面团时需要恒温密闭长时间发酵，一般发酵时间在30~90分钟，而小苏打和泡打粉是通过烤箱加热直接在烘焙过程中发酵的，无需长时间等待。

同时小苏打和泡打粉也不能互相替代，因其本身成分的差异和酸碱度的不同，小苏打在制作酸度较高的食材时可以更好的中和酸碱度并改善口感，如柠檬汽水、巧克力蛋糕等。

凝固剂

吉利丁粉/片 又称明胶或鱼胶，由英文名 Gelatin 音译而来。一般是以鱼骨或鱼皮提炼出来的胶质，所以也通常被称为鱼胶粉，也正因为主要是从鱼类提取，所以有一点腥味。吉利丁粉是烘焙中最常使用的凝固剂，一般用作慕斯蛋糕或者果冻布丁类的凝固剂。使用时要先浸泡至充分涨发，吉利丁粉浸泡后直接含水、隔水加热或者微波加热至熔化，再倒入需要混合的奶油或者其他液体中即可。吉利丁片泡发后则要挤去水分加热至熔化，再与需要凝固的液体混合即可。

吉利丁片

吉利丁粉

白凉粉

琼脂

琼脂 学名琼胶，英文名agar，又名洋菜agar-agar、海东菜、冻粉、琼胶、石花胶、燕菜精、洋粉、寒天、大菜丝，是一种海藻胶。常用海产的麒麟菜、石花菜、江蓠等制成，形态有条状也有粉状，一般用来制作杏仁奶豆腐、羊羹等。

白凉粉 由薜荔（又名木莲，学名 Ficus pumila Linn），俗称"凉粉子"果实的籽中提炼出的物质制成，是一种天然果胶。

3种凝固剂在制作时原理基本是一样的，利用胶类遇热溶化遇冷凝固的特性，先将胶质加热熔化后与液体混合、冷藏使其凝固成型。

但这3种凝固剂除了本身胶类成分的差别外，口感也有一定的差别，吉利丁凝固后的液体比较光滑软嫩，所以适合用来做慕斯和果冻布丁，但凝固性和硬度比琼脂要差。琼脂凝固后硬度和成型更好，但口感会带一点点沙和粉的感觉，没有吉利丁那种幼滑的口感，所以只适合用来做硬质一些的糕点。而白凉粉是介于以上2种之间的，比吉利丁硬，比琼脂软嫩，所以更适合做有一点咬劲和Q弹的甜点，如凉粉、果冻、米豆腐之类的。

朗姆酒　　　　咖啡酒

干果类

　　水果是烘焙常用原料，鲜果一般只用作奶油蛋糕或者派之类的甜点装饰，鲜果价格较高又受季节限制，而干果因为价格比鲜果低廉、甜度和香味更高、保存期更长也更方便，所以是烘焙中不可替代的基础原料。一般常用的干果类有蔓越莓干、葡萄干、蓝莓干等。

葡萄干

蔓越莓干

蓝莓干

开心果

核桃

杏仁

坚果类

　　坚果类食材富含油脂，烘焙后会有浓郁的香味和酥脆的口感，所以一直是烘焙食材中不可或缺的一类。比较常用的有杏仁、核桃、开心果等，也有花生、夏威夷果等。注意烘焙食材中所用的坚果一般都是已经炒熟并去壳的，花生还需要去皮，如果是生果请制熟后再用。

橙酒

白兰地

酒类

　　干果水分较少，直接用于烘焙会影响口感，所以大部分烘焙配方会将干果浸泡涨发后再滤干水分使用，而这里浸泡干果用的一般不会是水而是水果味的甜酒，也有些特定甜点会加上一些特定的酒类来增加风味，如浸泡干果的一般是朗姆酒，提拉米苏一定会用到咖啡酒，玛德琳会用到橙酒，做酒渍樱桃会用到白兰地等。

　　这些酒类原装整瓶买价格都不便宜，如果平时不做鸡尾酒只做烘焙，为了用一小点买一大瓶不划算。很多烘焙用品店都有小瓶装的酒卖，一般一小瓶10~30毫升不等，价格也不高，所以建议新手朋友们买小瓶即可。

馅料类

蜜红豆&红豆沙

原料: 红豆300克、细砂糖70克、水适量

蜜红豆:

1. 红豆用水浸泡4小时以上;
2. 加没过豆子的水, 大火煮沸;
3. 倒掉锅里的水, 重新加水煮沸;
4. 盖上锅盖, 转小火焖煮约40分钟;
5. 加入细砂糖拌匀;
6. 继续焖煮至水分收干, 豆子软烂。

红豆沙:

将制好的蜜红豆碾压成泥即成红豆沙。如果想要更细腻口感的红豆沙, 可在水分收至半干的时候连水带红豆用料理机搅打成泥, 然后再在不粘锅中不停翻炒至水分收干即可。炒的时候可以再加一些植物油, 豆沙吃起来口感更顺滑。为增加香味和口感, 还可加入少量干陈皮或者干桂花。

小贴士:

1. 第1遍煮沸的水倒掉不要, 可以去除豆腥味, 煮出来的蜜红豆口感更好。
2. 如果用高压锅来煮红豆, 水量没过红豆约1厘米, 上汽后小火压20分钟左右。

巧克力酱

原料: 淡奶油100克、黑巧克力100克、可可粉15克

1. 将100克黑巧克力切碎备用;
2. 淡奶油倒入锅中, 小火加热至即将沸腾时关火;
3. 连锅坐于冷水中冷却;
4. 冷却至淡奶油50℃左右时取出;
5. 倒入巧克力碎, 用橡皮刮刀快速搅拌均匀至巧克力溶化;
6. 再筛入可可粉, 再次搅拌均匀;
7. 趁热将巧克力糊过滤1遍, 中间没滤掉的小块用橡皮刮刀在滤网上摩擦打圈即可很容易完全滤净;
8. 过滤好的巧克力糊搅拌均匀后加盖或加保鲜膜放入冰箱冷藏20分钟左右, 待巧克力糊冷却至半凝固状态时即成巧克力酱。

小贴士:

此种巧克力酱一般也称"巧克力甘纳许", 是比较稀软并不会快速凝固的巧克力酱, 一般用来做巧克力蛋糕的淋面或者液状的巧克力装饰。如果需要能快速凝固的巧克力酱, 直接将巧克力切碎隔水溶化即可, 再冷却即可快速凝固, 这一类适合用来做各种装饰的巧克力花片或者巧克力糖。

卡仕达酱

原料：蛋黄3个、细砂糖30克、香草精数滴、低筋面粉25克、牛奶250克

1. 取一大碗，加入3个蛋黄、30克细砂糖与几滴香草精；
2. 用打蛋器搅打均匀至微微发白；
3. 筛入25克低筋面粉；
4. 用打蛋器再次搅打均匀；
5. 250克牛奶倒入奶锅中，中火加热至60℃左右；
6. 将热牛奶缓缓倒入蛋黄糊中；
7. 一边倒入一边快速搅拌均匀；
8. 将蛋奶溶液过滤一遍；
9. 重新倒入奶锅中再次一边小火加热一边搅拌；
10. 煮至光滑浓稠的状态即成卡仕达酱；
11. 步骤9中回锅煮牛奶的过程一定要注意一边小火加热一边迅速搅拌，火力过大或者搅拌不及时，都有可能令蛋糊烧糊或者结块，烧糊就无法挽救了，但如图⑪中这种稍有结块还是可以挽救的，只要把有小结块的奶糊倒入筛网，用橡皮刮刀碾压打圈过滤一遍，即可重新得到光滑细腻的卡仕达酱；
12. 做好的卡仕达酱最好盛入玻璃容器中，马上盖上盖子或者封上保鲜膜，放入冰箱冷藏1小时即可制作各种甜点的馅料。

小贴士：

卡仕达酱是西点中经常会用到的一种馅料，在西方被称为主厨奶油，但其实这款馅料中不含丝毫奶油成分，主要用蛋黄、牛奶与面粉制作出的仿若奶油的口感，清爽不腻，所以非常受欢迎。卡仕达酱不宜长期保存，当天如果没有使用完的，须用消毒玻璃容器密封保存，3天内一定要用完，否则容易变质。

紫薯奶油馅

原料：紫薯150克、淡奶油30克、细砂糖30克

1. 紫薯去皮切小块，放入蒸锅；
2. 盖上锅盖，大火蒸20分钟左右至熟烂；
3. 将蒸熟的紫薯倒入大碗中，用勺背碾压成泥；
4. 加入淡奶油和细砂糖；
5. 搅拌均匀；
6. 拌和滚圆成团，即成紫薯馅。

樱桃酒

原料：黑车厘子500克、糖粉40克、白兰地300毫升

1.黑车厘子洗净，置于阴凉处将表面水分晾干，为节省时间也可直接用厨房纸吸干；

2.剪去车厘子的长柄，用比较粗的吸管将果肉从中对穿，取出中间果核；

3.将处理好的果肉放入消过毒无水无油的大玻璃瓶中，加入糖粉；

4.倒入300毫升白兰地，搅拌至糖粉溶化，静置一会儿后，观察玻璃底部没有糖粉沉淀即可，加盖密封后送入冰箱冷藏，30天左右即成樱桃酒。

小贴士：

　　樱桃酒的制作过程不加热，糖粉比细砂糖、粗砂糖更易溶化，所以这里最好加入糖粉。

酒渍樱桃

原料：黑车厘子500克、柠檬汁30克、白砂糖80克、白兰地（红酒或者樱桃酒亦可）150毫升

1.将黑车厘子洗净去核后倒入奶锅中，加入白砂糖和柠檬汁；

2.一边中火加热一边搅拌至糖溶化，煮至沸腾时关火；

3.加入白兰地（红酒或者樱桃酒亦可）；

4.再次中火加热至沸腾后转小火，收汁至浓稠即可，煮好的黑车厘子捞出即为酒渍樱桃，滤出汁液即为樱桃汁。

香草奶油馅

原料：牛奶200克、细砂糖50克、蛋黄2个、玉米淀粉10克、低筋面粉10克、香草精数滴、动物性淡奶油100毫升

1.奶锅中加入蛋黄和细砂糖，用打蛋器搅打均匀，然后加入牛奶搅拌均匀；

2.低筋面粉和玉米淀粉混合后筛入蛋奶糊中，搅拌均匀；

3.将奶锅中火煮沸后转最小火，边加热边不停用橡皮刮刀搅拌，直至蛋糊煮至较干而浓稠的状态时关火；

4.加入几滴香草精后拌匀，包上保鲜膜置于冰水中冷却；

5.淡奶油打发至软性发泡；

6.打发的淡奶油与冷却后的蛋黄糊混合；翻拌均匀即成。

烘焙基本操作常识

预习制作方法

为了减少失败和失误，在任何烘焙制作中，应该事先了解并熟悉食谱配方，并详细了解相关制作流程和要点，记下所有步骤再进行操作。不要一知半解或者看到一半就冲动行事，有可能做到一半你发现下一步需要添加的材料须另外打发或者解冻，这样会给自己制造很多麻烦，手忙脚乱最后无法成功。

事先准备材料和工具

在开始烘焙制作前，应先按照食谱准备好需要使用的工具和材料，并依序排放整齐，特别注意大部分的材料最好事先称量好并依制作顺序放好，否则制作时可能会因手忙脚乱临时找不到某种材料或者工具而错失最佳制作时机。此外，食谱中标注要隔水加热或者隔水降温时所需的热水或者冰块也要提前准备好。而黄油打发前需要提前室温软化；鲜奶油打发前要提前一夜从冷冻室放入冷藏室回温；打发全蛋时冷藏鸡蛋要提前置于室温回温等。这些材料的准备工作要做好，否则直接影响烘焙的成败。

精确的剂量是成功的基石

烘焙需要的是一种类似化学物理实验的精神，精确到克和毫升的食谱，不要轻易改变配方剂量或温度，如果轻易改变，会影响到最后的成败或者丧失其特有的风味和口感，所以除非你深谙其道并想在改变中探索出新的口味和变化，否则不要轻易改变配方剂量或温度。

注意不同室温对烘焙操作的影响

最适合烘焙操作的室内温度在18℃左右，不热不冷，所以春秋两季一般对烘焙没有太大影响，可是夏天极热和冬天极冷时很多操作就要注意室温的影响。比如冬天极冷时黄油室温很难软化；曲奇饼干糊也会变硬很难挤、蛋白霜糖挤一会儿就挤不出来了；巧克力酱非常快速就会凝固等。这时就需要通过保温、加热等各种方法来解决操作中的实际问题。而夏天气温过高时，和面酵母容易过早发酵，所以配方中的水要改成冰水；黄油极易溶化，所以开千层酥皮、制作饼干面皮、派皮等时都不易操作，因为室温加手的温度会加快黄油的溶化和分离，所以这时要开空调降温或者把面皮、擀面杖等冰冻过再操作等。总之无论加温还是降温，万变不离其宗：要把制作时的小环境温度调整到18℃左右。这样才能保证各类食材在最佳的状态下制作。

烤箱需要事先预热

烤箱的使用原则是在烘烤前事先预热到指定温度，如配方中标注是170℃上下火15分钟，就需要提前将烤箱开下火170℃空烤10分钟左右，一般烤箱短则5~7分钟，长则15~20分钟可以达到指定温度。建议在准备材料的时候就将烤箱开始预热，计算好自己的准备流程，在所有准备工作完成前相应的时间打开烤箱预热就好。

保留足够的冰箱空间

做烘焙的人需要大的冰箱且一定要注意不要塞满，除了烘焙的耗材如奶油、黄油等原材料非常占冰箱空间之外，装饰蛋糕、需冷藏的慕斯、需冷藏的面团等，在制作时都是需要安放的。所以，制作之前就要将空间留出，以免冰箱没空间放需冷藏的东西时就会非常头疼。

Part 2

饼干类
新手也能一次成功

饼干制作基础知识

饼干制作基本流程

模式	流程	适用
模式1	黄油加糖打发——加入鸡蛋、牛奶之类的液体混合——加入过筛的干粉类——拌匀成糊或者成团——面糊装入裱花袋挤出饼干坯/面团揉和成团冷藏后切或者擀开分割——入烤箱烘焙——冷却	适合配方中液体成分较多的饼干
模式2	干粉类混合过筛——黄油切小块加入面粉中——用手搓匀成粉末——加入牛奶、鸡蛋等液体混合揉匀——冷藏后分切或者擀开分割——入烤箱烘焙——冷却	适合配方中液体成分较少的饼干
模式3	干粉类混合过筛——黄油溶化/其他液态油脂加牛奶、蜂蜜等液体混合——将干粉与液体混合拌匀成团——制作成形——入烤箱烘焙——冷却	适合快速操作的饼干,无需打发无需冷藏使面团延展直接制作成形烘烤即可

饼干制作时经常会碰到的问题及解答

粉类的过筛

★为什么要过筛?

粉类过筛可以将结团、结块的干粉筛匀成细腻的粉末,这样在饼干的制作中可以得到更均匀细腻的组织和口感。

★哪些粉类需要过筛?

饼干制作中常用到的干粉类为低筋面粉、可可粉(抹茶粉/杏仁粉)之类的调味粉,糖粉、泡打粉(小苏打)之类的膨发剂,这些粉类都很容易受潮并凝结成团,所以在使用时都需要过筛。

★哪些粉类不需要过筛?

芝士粉、粗砂糖一类的颗粒比较大的干粉无需过筛,因为过筛也筛不出来,这一类颗粒较大的粉如果受潮结块了,稍碾压一下就松散了。

★过筛1遍与2遍的区别

有些烘焙配方中如马卡龙制作中要求把杏仁粉过筛2遍,因为杏仁粉比普通面粉更容易结块,过筛1遍有时候无法得到足够细腻的粉末,所以需要过筛2遍。大多数烘焙都只需过筛1遍就好,只有特殊要求的才会过筛2遍。

★多种干粉混合过筛的方法

以巧克力饼干为例,将配方中所需的低筋面粉,可可粉与小苏打倒入面粉筛中,用小勺先在筛网上混合均匀,然后再筛入碗中即可。

黄油的软化和打发

★黄油为什么要软化？

　　黄油一般是冷藏或者冷冻保存的，而在烘焙使用时一般需要打发。冻得硬邦邦的黄油是无法打发的，所以打发前要事先从冰箱取出置于室温下进行软化。

★软化到何种程度才算软化好了？

　　软化到可以轻松地捅一个洞的程度就好了。

★软化黄油时需要注意的问题

　　夏天室温较高时黄油软化会比较快，而冬天室温很低时，直接室温软化很难达到想要的程度，或者有时候赶时间等不及让它慢慢室温软化。这时可以将黄油从冰箱取出后装入碗中，送入微波炉中火或者高火打15秒。注意一般100克黄油软化不超过高火15秒，超过15秒以上黄油就开始化成水，到30秒基本上全部化成水。

　　如果不小心全部化成水了也没有关系，再把黄油碗送进冰箱速冻3~5分钟，待到黄油刚刚形成凝固的状态，再取出来就很好打发了。

★熔化黄油时需要注意的问题

　　有些烘焙配方里黄油不需要打发，但需要完全溶化，除了费南雪这一类需要焦化黄油的烘焙是用直火加热黄油的，其他任何烘焙都不能用直火。

　　黄油一般可采用隔水加热熔化和微波熔化2种方式。

　　隔水加热就是烧一锅水持续加热，再将黄油碗坐于热水中利用水的热度将黄油熔化，另外就是直接将黄油装入碗中，再用微波炉高火30秒左右使其溶化。只是注意微波加热时，黄油很容易爆，所以时间不能过长，一般到30秒就要停止。如果黄油块比较大，有部分化了有部分没化，就取出来将碗转动一下，利用化了的黄油去熔化没化的部分，然后再打10秒左右，不要持续加热在30秒以上，黄油会爆得微波炉里到处都是，很难清洗。

隔水溶化黄油

★如何打发黄油，打发黄油的正确步骤和注意事项？

1. 将黄油置于大碗中，室温软化后加入细砂糖或者糖粉；

2. 用硬质刮刀将黄油碾压成泥；

3. 用打蛋器（手动、电动均可）将黄油以顺时针方向搅打成羽毛状，没打到这种状态的说明没有搅打充分；

4. 分2~3次加入打散的蛋液；

5. 再次搅打成均匀光滑的泥糊状；

6. 在黄油糊中加入蛋液或者别的液体时，一定要注意少量多次加入；每次加入的液体量都不要超过黄油总量的1/3，并且每一次加入后都要充分搅打均匀后再加下一次，这样才能保证黄油与液体充分搅拌均匀糊化；如果一次性加入过多量的液体，就会出现如图⑥中水油分离的状态，黄油会打成蛋花状。

7. 出现水油分离的状态也不是不可挽救的，这时只要在黄油碗中再筛入1大勺低筋面粉，然后再用打蛋器搅打均匀，即可回到正常的状态。

面团的混合和松弛

打发好的黄油碗中筛入低筋面粉、泡打粉之类的干粉，用橡皮刮刀拌匀呈没有干粉的状态，然后倒在硅胶垫上用手揉和成团。这里要用手揉的目的是利用手的温度和揉压的力度让黄油与面粉充分的溶合。

注意揉和的时间不能过长，一般揉30秒左右至混合均匀即可。时间过长会让黄油溶化与面团分离，也可能会将面团揉出筋，饼干类的面团是不能出筋的，这样会丧失饼干膨松酥脆的口感，会让饼干吃起来有弹性，所以不能过度揉和。

揉好的面团要用保鲜膜包起送入冰箱冷藏30分钟左右，冷藏的目的是让面团松弛，得以呼吸和延展，这样在擀开成大片面皮的时候才会更有弹性和张力，不会轻易断裂，更方便后一步的操作。

饼干坯的整形方法

★不同饼干生坯有不同的整形方法

无需整形的饼干一般是将面团混合后，直接用勺子舀成团置于烤盘中烧烤，加热后黄油溶化自然塌陷即成饼干。这一类饼干配方中黄油与液体的含量比较高，比较干硬的面糊不适合这种整形方法。

无需整形饼干

挤花饼干是稍稀软一些的面糊，比无需整形的饼干面糊要干一些。一般用裱花袋配裱花嘴，在烤盘上直接挤出特定的花纹制成生坯再入烤箱烘焙。

挤花饼干

手工整形饼干一般是利用手搓面团，整形成圆球、长条、圈圈、麻花等各种形状。

手工整形饼干

切割饼干一般是整形成固定形状后分切成片，或者擀开成大面片后用模具切割成型。

切割饼干和手工整形饼干适合比较干硬一些的面团操作，太稀的面团不适合这两种整形方法。

切割饼干冷藏松弛后的面团擀开操作如下：

将冷藏后的面团分切成小块，用手的温度按开混合，在面团表面铺上一层保鲜膜再擀开。冷藏后的面团比较干硬，如果直接擀开会比较难操作，所以切小块先稍揉和柔软一些比较方便操作。表面垫保鲜膜是为了防止面团与擀面杖粘连，同时也能擀出更光滑的表面。

擀好的面皮揭去保鲜膜，用饼干切刻出想要的形状，然后揭去多余面皮，将成形的饼干坯留在硅胶垫上。此时不要急于将饼干坯从硅胶垫上取下，因为经过一段时间的操作面皮已经变软，直接取下或者借助刮板等工具都会让饼干坯变形，此时要将饼干坯连同硅胶垫一同送入冰箱冷冻室速冻1分钟左右。注意底部要放平，否则饼干坯也会弯曲变形，等饼干坯冻硬后再用手剥离取下排入烤盘即可，如此操作饼干坯才不会变形。

切割饼干

不同温度和烘烤方式对饼干口感的影响

高温短时间烘焙，会造成饼干体表层干硬中间柔软。因为没有烤过芯。较低温度长时间烘焙，会形成饼干里外都酥脆的口感，可是饼干体本身很薄，时间过长会烤煳，所以多数时候我们会采取关火后不开烤箱门，利用余温再焖10~15分钟这样的方法来使饼干内的水分充分蒸发。

不同种类的饼干对口感的要求是不一样的，并不是所有的饼干都是酥脆才好的。软曲奇就要求饼干体是绵软口感，意式脆饼就要先把面团只烤干外皮，分切后再烤干整体。所以很多配方中给出的温度和时间都是不一样的，这就需要我们按照配方给出的温度和时间来操作了。但是这里说按照配方操作是相对的而不是绝对的，因为还有下面这些问题。

一定要严格按照配方中的温度和时间来烤饼干吗?

由于不同烤箱的温度有差别,给出烘焙食谱的人的烤箱和你的烤箱温度不可能完全一样,所以不能完全照搬书中提供的温度和时间。

建议隔几分钟查看一次饼干,出炉前的几分钟最好守在烤箱前以随时观察饼干的变化。如果饼干的表面呈现金黄色,并且从烤盘上揭下饼干,看到饼干底部也变为金黄色就说明饼干烤好了。

遇到烤箱温度不准,饼干上色不均的情况怎么办?

上色不均一般分为两种情况,一种是上下上色不均,一种是前后左右上色不均。

上下上色不均是表面烤糊了底部没上色,或者底部烤糊了上面没上色,出现这样的情况一般是因为烤箱的上下火温度差异太大。遇到这种情况,如果你的烤箱可以上下火独立控温,且表面上色太快的话,将上火的温度调低一点;如果表面上色速度正常,底部上色太慢,则将底火调高一些。不能上下火独立控温的烤箱,将烤盘往下放一层,或者在表面上色以后,关掉上火,一直烤到饼干底部上色。反过来,如果烤的饼干底部颜色上色很深,表面颜色却很浅,则用相反的方式处理即可。

基于同样的原理前后左右上色不均,可能是发热管左右或者前后发热的温度不均匀所致,所以可以烤到一半的时候把烤盘转个边再烤,左边换右边,前面换后面,这样就可以保证烘烤时上色均匀了。

为什么烤出来的饼干比较软不够脆,或者外壳是脆的中间有点软?

刚出炉的饼干发软是正常的,冷却后就会变得酥脆。

如果冷却后仍然发软,说明烘焙时间不够,水分没有完全被烤干。解决的方法是将饼干重新放入烤箱烤几分钟。如果饼干的颜色已经足够深,但冷却后仍然发软,则可能是因为烤箱的温度太高了。这时要试着降低烤箱温度,延长饼干的烘烤时间。

另外,面团越大越厚,水分越难被烤干,也就越容易烤出发软的饼干。反之,面团越小越薄,就越容易烤出酥脆的饼干。所以,如果一直烤不出口感让人满意的饼干,就试着将饼干做小一点儿吧。

同一烤盘里的饼干大小不一致有影响吗?

有影响。要尽量使同一烤盘里的饼干在大小和厚度上保持一致,这样才能保证饼干烘烤均匀,否则会出现有的已经烤糊了,有的却还没熟的情况。除了大小和厚度,饼干在烤盘中的间距也要尽量保持一致。

一次可以烤多盘饼干吗?

家用烤箱大多分为好几层,而通常也会配备两个烤盘,饼干坯制作时往往一盘烤不完,有些人为省时间就两盘一起烤,但这种操作其实是非常错误的。因为烤箱是上下烤管共同加热来烘焙的,如果同时烤2盘饼干,就会1盘只有上受热,1盘只有下受热,所以每次只能烤1盘饼干,这样才能保证饼干上下受热均匀,使烘焙效果达到最佳。

烤饼干的时候一定要铺油纸或油布吗？

有一些烤盘有不粘涂层，可以不铺油纸或油布。其他大部分烤盘没有不粘涂层，为了保证饼干烤好后不粘在烤盘上，应该铺油纸或油布。制作薄脆或者酥条这种饼干体非常脆弱的饼干时，为了便于将烤好的饼干取下来，即使用的是防粘的烤盘，也建议铺上油纸或油布。

减少饼干配方里的糖，对成品会有多大的影响？

一般情况下，如果觉得原配方太甜，可以适当减少配方中的糖，减少30%左右，对成品不会有太明显的影响。不过我们也要明白，糖在饼干中，除了甜味剂的作用以外，也影响着饼干的颜色和质地。

简单举几个例子，糖在与黄油、鸡蛋等湿性配料混合溶解后，可以增加面团的柔润程度，减糖以后的面团，会更干一些。尤其在制作挤花曲奇等挤制类饼干时感觉会更明显。另外，因为糖在高温下容易发生焦化，在烘烤中，含糖量高的饼干更容易上色，容易烤出漂亮的色泽。

同时，糖作为一种优秀的天然防腐剂，含糖量越高的饼干，保存期越长，越不容易变质。其实，不仅是糖，任何一种配料的增减，对成品的形状都会有或多或少的影响，只不过有时候因为个人原因，会对此做个权衡。

烤好的饼干应该如何保存？

烤好的饼干冷却后如果直接暴露在空气中，很容易吸收空气中的水分，从而变软，失去酥脆的口感。所以，饼干冷却后要及时放入密封盒里保存。有条件的话，还可以在密封盒里放一包干燥剂或几块方糖以帮助吸收空气里的水分，避免饼干受潮。

已经受潮变软的饼干放入烤箱烤几分钟（温度可设定在150~170℃），就可以重新变得酥脆。

自制的饼干可以保存多长时间？

不同类型的饼干，保存的时间不一样。如果存放在密封盒里的话，通常可以保存1~2周。

若需要保存更长时间，可将饼干密封后放入冰箱的冷冻室，这样能保存2个月。吃的时候将饼干提前拿出来回温。若饼干在回温的过程中不小心受潮，可放入烤箱烤几分钟。

当然，饼干的保存期受原料、温度和保存条件等诸多因素的影响，不能一概而论。自制的饼干在做好后应尽快吃完，这才是让自己吃到新鲜、可口饼干的最好方法。

美式巧克力豆曲奇 (20个)

上火, 180℃
下火, 160℃
中层, 20~25 分钟

原料
Ingredients

黄油 75 克

糖粉 35 克

香草精 3~5 滴

全蛋液 30 克

低筋面粉 100 克

泡打粉 1/4 小勺

烘焙用巧克力豆 50 克

操作步骤 *Method*

1. 黄油室温软化, 加入糖粉、香草精;

2. 用打蛋器低速搅打至顺滑无大颗粒;

3. 将全蛋液30克分2~3次加入, 每一次都要充分搅打均匀后再加入第2次;

4. 最后搅打至微微发白, 抹平表面要如乳霜一样细腻顺滑, 没有明显的颗粒;

5. 低筋面粉与泡打粉混合, 筛入碗中;

6. 用橡皮刮刀以不规则手法翻拌均匀, 至面糊无干粉的状态;

7. 加入烘焙用巧克力豆;

8. 再次翻拌均匀;

9. 用小勺取约10克的面团, 直接勺入烤盘中, 稍稍整形即可, 中间留空;

10. 烤箱预热, 上火180℃, 下火160℃, 放入中层, 烤制20~25分钟, 熄火后不要开烤箱门, 余温再焖10分钟即可。

操作要点

1. 往黄油中加蛋液的时候要分2~3次, 这是为了防止乳油分离, 所以每一次都要充分搅打均匀至完全乳化的状态后, 再加第2次;

2. 香草精没有可以不用, 这不是必需品, 但加入后味道会有较大提升;

3. 巧克力豆一定要用烘焙专用巧克力豆, 水滴形状的, 这种巧克力豆在高温烘烤下不会熔化, 不能用市售的普通巧克力豆代替。

坨坨妈：烘焙新手入门

红提软曲

（20个）

★ ★
上下火，180℃
中层，12分钟
★ ★

原料
Ingredients

低筋面粉100克
黄油50克
红糖30克
糖粉10克
牛奶30克
红提干30克
朗姆酒50克
泡打粉1小勺
盐1/4小勺
烘焙用巧克力豆50克

操作步骤 *Method*

1. 红提干切碎,在朗姆酒中浸泡一夜,滤干九成水分备用,留少许朗姆酒于碗内;

2. 低筋面粉与泡打粉混合后过筛备用;

3. 黄油室温软化后,加入红糖、糖粉和盐;

4. 用打蛋器搅打至羽毛状;

5. 将红提碗中剩余的朗姆酒用筛网过滤入黄油碗中(剩余朗姆酒的分量控制在约20克)搅拌均匀;

6. 加入牛奶,不要搅拌;

7. 加入一半的低筋面粉与泡打粉的混合粉;

8. 用打蛋器搅打均匀;

9. 再加入剩下的一半混合粉;

10. 改用橡皮刮刀翻拌至无干粉的状态;

11. 加入红提干和烘焙用巧克力豆;

12. 再次翻拌均匀;

13. 烤盘铺锡纸,用小勺将面团勺成小球整齐地码放在烤盘上,注意中间要留出2~2.5倍间距;

14. 烤箱预热,上下火180℃,中层,烤12分钟左右取出。

操作要点

1. 因为朗姆酒与牛奶不比鸡蛋容易与黄油混合,纯水分在混合过程中容易造成水油分离,所以加入朗姆酒和牛奶后先不要搅拌,等加入少量面粉后再搅拌,这样不容易水油分离;

2. 软曲奇的原理是以高温短时间烘烤,至使表面结皮中间柔软,所以这款饼干切不可低温长时间烘烤,也不可用余温焖制,关火后立刻出炉,否则就成硬曲奇了。

上火, 170℃
下火, 150℃
中层, 25 分钟

朗姆葡萄燕麦酥 （20个）

原料
Ingredients

黄油80克

糖粉100克

低筋面粉250克

无糖燕麦片100克

红葡萄干50克

全蛋液60克

香草精1小勺

盐1/2小勺

泡打粉1/2小勺

朗姆酒1大勺

操作步骤 *Method*

1. 将红葡萄干洗净切小丁，加入1大勺朗姆酒浸泡20分钟；

2. 打蛋盆内加入室温软化后的黄油、糖粉、盐和香草精；

3. 用打蛋器低速搅打均匀；

4. 分3次加入全蛋液，每一次都要充分搅打均匀后再加入下一次；

5. 搅打成均匀的糊状；

6. 低筋面粉、泡打粉混合均匀后筛入盆中；

7. 浸泡好的红葡萄干滤干水分倒入盆中；

8. 再加入燕麦片；

9. 先用橡皮刮刀翻拌均匀，再用手抓揉成团；

10. 取25克面团，轻搓成圆球状；

11. 放入烤盘，用手指按扁成圆形饼坯（剩余面团相同操作），排放整齐，注意饼坯之间留出适当空隙；

12. 烤箱预热，上火170℃，下火150℃，中层，烤25分钟左右，熄火后余温再焖10分钟即可。

操作要点

1. 此款饼干的面粉量和燕麦成分很多，相比起一般曲奇类饼干，没有那么酥脆，所以需要熄火后余温再焖一段时间，以增加饼干的酥脆度；

2. 葡萄干亦可用其他干果代替。

希腊可球

（24个）

上下火，185℃
中层，15分钟

原料
Ingredients

黄油80克
糖粉45克
盐1克
蛋黄20克
低筋面粉100克

馅料/装饰
草莓果酱适量

操作步骤 *Method*

1. 黄油置于大碗中室温软化，加入糖粉和盐；

2. 用打蛋器打发至顺滑；

3. 蛋黄打散后加入黄油碗中，再次搅打均匀；

4. 筛入低筋面粉；

5. 用橡皮刮刀翻拌成均匀的面团；

6. 取10克左右面团，用掌心搓成圆球状；

7. 烤盘铺锡纸，将所有面团全部搓成圆形小球，并均匀地码放在烤盘上，注意中间留出适当空隙；

8. 用筷子较粗的那头蘸少量水，在每一个小球的正中间按一个小洞，注意不要按得太深，约0.5厘米深即可；

9. 将适量草莓果酱装入裱花袋；

10. 将裱花袋剪一小口，然后在每一个小球的洞内挤入适量草莓果酱，基本将洞口填满即可；

11. 烤箱预热，上下火185℃，放入中层，烤15分钟左右，关火后不要打开烤箱，余温再焖10分钟；

12. 烤至颜色稍带焦黄色，取出晾凉即可食用。

操作要点

1. 这款饼干的面糊不算很干，有一点稀也有一定的黏度；冬天室温较低时，可直接用手搓成圆球状，如果稍黏，可在掌心刷少量薄油，就能很方便地操作。但夏天室温较高，掌心也有一定温度，面团会很黏手，这时可以将面团包上保鲜膜，送入冰箱冷藏30分钟后取出，此时黄油凝固会比较容易操作；

2. 面团搓成球形即可，不用按扁，烘烤后黄油熔化，饼坯会自动塌成半圆形；

3. 用筷子蘸少量水，在饼坯上按孔比较不容易粘连，如果按到3个以上开始粘连，可将筷子擦拭干净后再蘸少量水重复操作即可。

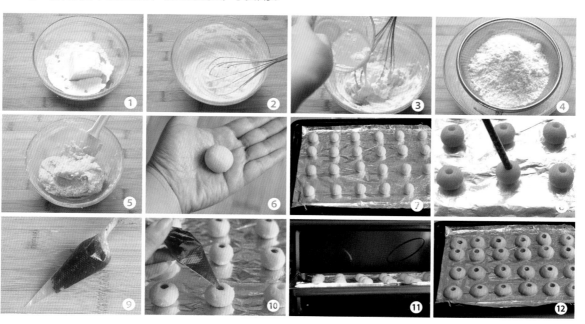

蛋奶小馒头

（156个）

上下火，175℃
中层，8分钟

原料
Ingredients

马铃薯淀粉 140克
低筋面粉 20克
奶粉 25克
糖粉 35克
泡打粉 1/4 小勺
鸡蛋 1个
蜂蜜 1小勺
黄油 40克

操作步骤 *Method*

1. 所有粉类混合，过筛筛入大碗中备用；

2. 鸡蛋打散加入1小勺蜂蜜；

3. 用勺子或打蛋器搅打均匀；

4. 将蛋液加入面粉碗中；

5. 再加入熔化后的黄油；

6. 拌匀后用手揉成光滑均匀的面团；

7. 取1小块面团，搓成一指粗左右的均匀长条，用刮板分成小剂子；

8. 然后逐一用掌心搓成小圆球，整齐的码放在烤盘上，注意中间要留下一定的距离；

9. 烤箱预热，175℃，上下火，中层，烤8分钟左右，关火后不要开盖，余温再焖5~10分钟，取出晾凉后即可食用。

操作要点

马铃薯淀粉就是土豆淀粉，如果没有，可以用红薯淀粉、木薯生粉或者玉米淀粉来代替，不过口感会比土豆淀粉差一些。

岩石饼干

（22个）

原料
Ingredients

黄油30克
糖粉120克
全蛋液50克
低筋面粉100克
可可粉40克
小苏打1/4小勺
朗姆酒2大勺

表面装饰
糖粉60克

坨坨妈：烘焙新手入门

操作步骤 *Method*

1. 低筋面粉、可可粉、120克糖粉、小苏打混合筛入大碗中;
2. 加入切碎的软化黄油;
3. 用手揉搓成粉末状;
4. 加入朗姆酒;
5. 再加入全蛋液;
6. 用橡皮刮刀翻拌均匀;
7. 包上保鲜膜整理成团,送入冰箱冷藏30分钟;
8. 将冷藏后的面团取出,分切成约15克1个的小剂子,逐一搓成小圆球;
9. 将小圆球在60克糖粉碗中滚一圈,使表面均匀地沾上糖粉;
10. 烤盘铺油纸,将裹好糖粉的圆球整齐地码放在烤盘上;
11. 烤箱预热,上火170℃、下火150℃,中层,烤25分钟左右,关火后余温再焖20分钟。

操作要点

此款饼干烘烤后表面会如岩石般自然开裂,所以才称为岩石饼干。

玛格利特小饼

（48个）

上下火，170℃

中层，15 分钟

原料
Ingredients

低筋面粉 100 克
玉米淀粉 100 克
黄油 100 克
糖粉 40 克
鸡蛋 2 个
盐 1 克

操作步骤 *Method*

1. 鸡蛋2个煮熟后剥出蛋黄备用；
2. 黄油室温软化后加入糖粉和盐；
3. 搅打至微微发白的羽毛状；
4. 蛋黄用小勺在筛网中碾压入黄油碗中；
5. 筛入低筋面粉和玉米淀粉；
6. 用橡皮刮刀翻拌至无干粉的状态；
7. 用手揉和成团，包上保鲜膜送入冰箱冷藏1小时；
8. 将冷藏后的面团取出，分成14克1个的小剂子，逐一搓圆成小球状；
9. 将小球整齐地码放在烤盘中，中间留空，用手指从正中间按扁；
10. 烤箱预热，上下火170℃，中层，烤15分钟左右。

 操作要点

鸡蛋黄一定要完全煮熟，否则无法碾压成粉。

中式桃酥

（10个）

上下火，180℃

中层，15分钟

原料
Ingredients

中筋面粉100克

细砂糖50克

植物油55克

鸡蛋1个

核桃仁30克

泡打粉1/4小勺

小苏打1/8小勺

表面装饰

熟白芝麻适量

全蛋液适量

水1小勺

操作步骤 *Method*

1. 中筋面粉、泡打粉、小苏打混合筛入大碗中,再倒入切碎的核桃仁;

2. 用打蛋器混合均匀;

3. 鸡蛋1个打散备用;

4. 另取一碗,倒入植物油、细砂糖,再加入10克全蛋液;

5. 用打蛋器混合均匀;

6. 将混合后的油糊倒入面粉碗中;

7. 用手抓揉均匀;

8. 用保鲜膜包成面团;

9. 取1小块面团(约24克),搓成小圆球;

10. 烤盘垫锡纸,将面团在烤盘内压扁成饼坯;

11. 将剩余的全蛋液用筛网过滤一遍;

12. 加入1小勺水搅拌均匀;

13. 将饼坯表面均匀地刷上一层全蛋液;

14. 擀面杖底部沾水,沾一面白芝麻;

15. 将白芝麻压在饼坯中心,稍稍用力按出凹痕;

16. 烤箱预热,上下火180℃,中层,烤15分钟左右,至表面上焦色即可。

操作要点

    桃酥的面团必需松散才能在烘烤后有一咬即酥的口感,所以油糊与面粉混合的操作要注意,只能用手轻轻抓揉至无干粉的状态即可,不要用打蛋器或者橡皮刮刀搅拌,抓揉后的面团也无需用力揉和成团,只要用保鲜膜包起,稍揉捏成团即可。

蓝莓酸奶司康饼（15个）

★ ★ ★
上火，180℃
下火，160℃
中层，25分钟
★ ★ ★

原料
Ingredients

低筋面粉150克
糖粉20克
盐1/8小勺
泡打粉1/4小勺
黄油40克
原味酸奶20克
鸡蛋1个
小蓝莓干50克

操作步骤 *Method*

1. 低筋面粉、糖粉、盐、泡打粉混合，筛入大碗中；
2. 黄油室温软化后，加入面粉碗中；
3. 用手搓成均匀的粉末状；
4. 加入小蓝莓干拌匀；
5. 取酸奶倒入小碗中；
6. 加入1个打散的鸡蛋（留少许蛋液刷表面）；
7. 用打蛋器搅打均匀；
8. 将蛋奶糊倒入面粉碗中；
9. 用橡皮刮刀翻拌成团；
10. 将面团包上保鲜膜压成面饼状，送入冰箱冷藏30分钟，使面团松弛；
11. 将冷藏好的面团取出，用圆形花边饼干切刻出饼坯；
12. 将切好的饼干坯整齐地码放在烤盘中；
13. 表面刷上蛋液；
14. 烤箱预热，上火180℃，下火160℃，中层烤25分钟至表面带焦色时取出；
15. 晾凉即可食用。

意式咖啡脆饼（12个）

第1次

★ ★ ★

上下火，180℃

中层，20 分钟

★ ★ ★

第2次

★ ★ ★

上下火，160℃

中层，15 分钟

★ ★ ★

原料
Ingredients

黄油50克

细砂糖80克

低筋面粉250克

全蛋液90克

美国大杏仁100克

盐1/8 小勺

小苏打1/4 小勺

操作步骤 *Method*

1. 黄油室温软化后切碎，置于一大碗中，加入盐与细砂糖，用木铲碾压；

2. 拌匀至无干粉的状态；

3. 小苏打与低筋面粉混合过筛，筛入碗中；

4. 用手搓成均匀的颗粒状；

5. 加入打散的90克全蛋液；

6. 用橡皮刮刀拌匀；

7. 加入大杏仁；

8. 用手揉合均匀后，整形成拖鞋形；

9. 放入烤盘，烤箱预热，上下火180℃，中层，烤制20分钟，约呈七分熟时出炉；

10. 将烤过的面团取出，放凉至完全冷却后，分切成片状，再次排入烤盘，上下火160℃，中层，再烤15分钟即可。

操作要点

1. 第1次进烤箱烘烤的时候要注意，面团表面烤至发黄，面团稍稍开裂时即可取出，不要烤至裂出大的缝隙，这样分切时会很容易破碎，无法保证片状的完整；

2. 面团一定要晾凉至完全冷却后才可切片，否则分切时面团体会散掉；

3. 一定要选择一把快刀，并且用直切的方式，不要前后拉切，因为面团本身很酥脆，前后切容易使面团破碎；

4. 此款饼干的原名为Biscotti。传统的Biscotti最常见的吃法是将其浸在一杯香醇的咖啡中，而且最好是意大利浓缩咖啡(Espresso)，所以此款饼干叫意式咖啡脆饼。

椰子脆饼 （24个）

上下火，180℃
中层，15~18 分钟

原料
Ingredients

黄油 50 克
糖粉 60 克
全蛋液 25 克
低筋面粉 100 克
椰子粉 30 克
泡打粉 1/4 小勺

表面装饰
苦甜巧克力 50 克
椰蓉适量

操作步骤 *Method*

1. 黄油室温软化，加入糖粉；

2. 用打蛋器搅打至微微发白的羽毛状；

3. 分2~3次加入全蛋液，搅打均匀；

4. 低筋面粉、椰子粉、泡打粉混合筛入黄油碗中；

5. 用橡皮刮刀翻拌至无干粉的状态；

6. 用手揉和成光滑的面团；

7. 方形木制饼干模垫保鲜膜，将面团压入模具内，压紧压平，
然后包上保鲜膜连同模具一起送入冰箱冷藏1小时；

8. 将饼干模倒扣呈45°磕几下，即可轻松脱出，撕去保鲜膜，
分切成约0.6厘米厚的片；

9. 将切片的饼干坯整齐地码放在烤盘中，注意中间留空；

10. 烤箱预热，上下火180℃，中层，烤15~18分钟至表面
呈焦黄色，关火余温再焖10分钟，取出晾凉；

11. 苦甜巧克力切碎，隔50℃左右热水加热，搅拌至熔化，
将烤好的饼干斜面沾上巧克力酱；

12. 沾好酱的饼干整齐地码放在硅胶垫上，趁巧克力未凝固
时再在巧克力酱上撒上椰蓉装饰，最后冷却至巧克力完
全凝固即可。

操作要点

1. 若没有饼干模，也可用方形慕斯框代替，只需再从
中切一半就好；如果慕斯框也没有就直接将面团用保鲜
膜包好，借助刮板手工整形成长条形；

2. 切饼干坯的刀一定要锋利且薄，才能切得更整齐；

3. 巧克力未完全凝固时注意不要轻易挪动，否则背面
的巧克力会糊得到处都是，影响成品美观。

果酱花朵夹心饼干 （21个）

原料
Ingredients

低筋面粉 150克
黄油 75克
糖粉 60克
鸡蛋 30克

夹馅
草莓果酱适量

表面装饰
全蛋液适量

操作步骤 *Method*

1. 黄油室温软化，置于大碗中，加入糖粉；

2. 摩擦搅打至微微发白的羽毛状；

3. 分3次加入打散的鸡蛋，搅拌均匀；

4. 筛入低筋面粉；

5. 用橡皮刮刀翻拌至无干粉的状态；

6. 倒在硅胶垫上揉和成光滑的面团，包上保鲜膜送入冰箱冷藏30分钟；

7. 取出后擀开成6毫米厚的大片，用花朵模具刻出饼干坯；

8. 剩余面皮可重新揉和再擀开制作，直到用完所有面皮；

9. 将一半的饼干坯用花嘴下部刻成中空；

10. 用牙签在周圈刻出纹路；

11. 烤盘铺锡纸，将2种饼干坯整齐地排列在烤盘中，注意中间留出适当空隙，并在饼干坯表面均匀地刷上全蛋液；

12. 烤箱预热，上下火180℃，中层，烤约10分钟，关火后余温再焖10分钟，取出冷却；

13. 取1块未镂空的饼干，翻面反面朝上，抹上适量草莓果酱；

14. 再取1块镂空饼干，正面朝上按紧，注意花边对齐，剩余饼干相同操作即可。

📝 操作要点

1. 镂空饼干坯时，如果中间面皮没有被花嘴带出，可以用牙签挑出；

2. 将饼干坯排入烤盘之前，注意先速冻再取出，这样饼干坯比较不容易变形；

3. 果酱口味可自行替换，也可换成巧克力酱或者蛋黄酱之类的。

熊猫饼干（15个）

上下火, 180℃

中层, 15 分钟

原料
Ingredients

原味面团
低筋面粉75克

泡打粉1/4小勺

黄油55克

细砂糖30克

全蛋液20克

可可面团
低筋面粉75克

小苏打粉1/4小勺

可可粉10克

黄油55克

细砂糖40克

全蛋液20克

表面刷液
蛋清适量

操作步骤 *Method*

1~5. 原味面团制作方法与果酱花朵夹心饼干(第74页)基本相同;

6. 可可面团需在筛入粉类时多加入10克可可粉,泡打粉改成小苏打,糖量增加10克;

7. 将2种面团用手揉合光滑,包上保鲜膜置于冰箱冷藏1小时,使面团延展;

8. 准备熊猫饼干模具一套;

9. 先将可可面团取出,擀开成均匀的厚度为0.6厘米左右的面皮,用黑色外框切出熊猫身体的形状;

10. 全部按压完成后,去除多余饼皮;

11. 烤盘铺锡纸,将饼干坯整齐地码放在盘中,中间适当留空;

12. 再将原味面皮擀开;

13. 以同样方法切出脸部和手臂;

14. 去除多余面皮后再用表情模切出眼睛和嘴;

15. 眼睛部分要用牙签挑成镂空;

16. 注意要切出和身体相同数量的脸部和身体部件;

17. 蛋清打散,将可可面片整体刷上一层蛋清液;

18. 再将脸部和手臂粘贴在可可面片上;

19. 烤箱预热,上下火180℃,中层,烤15分钟左右,关火后不要开门,余温再焖10分钟;

20. 剩余面团重新揉合擀开后可做另外2种造型,操作相同。

📝 操作要点

1. 刻花饼干是利用模具做出各种生动造型的饼干,用双色面团不同组合可以做出多变的造型,这也是另一种乐趣;

2. 每次刻模后多余的面皮可以重新揉和均匀后再擀开再重新刻模;只是在天气炎热室温较高时要注意,面片反复揉和会造成油脂溶出,同时面皮太软也不易操作,所以每次揉和擀开后都要冷冻几分钟使面皮硬化才好操作。

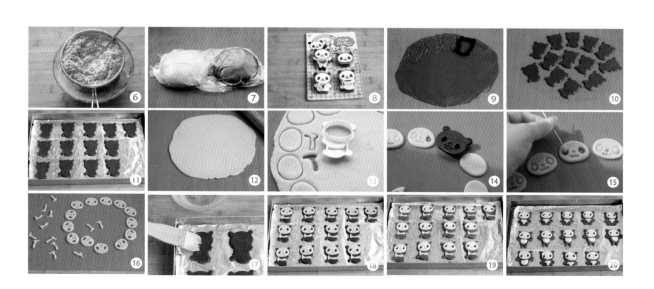

黄油曲奇（15个）

操作步骤 *Method*

1. 黄油置于大碗中，室温软化，加入糖粉和香草精；

2. 先用橡皮刮刀碾碎，再用打蛋器搅拌均匀呈羽毛状；

3. 全蛋液分2~3次加入黄油中；

4. 一边加入一边搅拌，每次都要打发至完全糊化后再加入第2次；

5. 加入牛奶再次搅拌均匀；

6. 奶粉、低筋面粉、泡打粉混合筛入碗内；

7. 用橡皮刮刀翻拌均匀至无干粉的状态；

8. 装入裱花袋中，配中号六齿花嘴；

9. 在烤盘中以顺时针方向挤出直径约5厘米的螺旋圆圈状；

10. 烤箱预热，上火180℃，下火160℃，中层烘烤25分钟左右至表面上色，关火后不要开炉门，余温再焖10分钟。

上火，180℃
下火，160℃
中层，25分钟

原料 *Ingredients*

黄油65克
糖粉60克
全蛋液30克
牛奶1大勺
奶粉20克
低筋面粉100克
泡打粉1/4小勺
香草精数滴

双色曲线酥 （12个）

上火，170℃
下火，160℃
中层，25分钟

原料
Ingredients

糖粉 60 克
黄油 70 克
香草精 1/2 小勺
全蛋液 35 克
低筋面粉 100 克
泡打粉 1/4 小勺
无糖可可粉 4 克

操作步骤 *Method*

1. 取一大盆，加入糖粉、软化黄油和香草精；
2. 用电动打蛋器低速搅打均匀；
3. 分3次加入全蛋液，每1次都要充分搅拌均匀后再加下一次；
4. 直至搅打成均匀的糊状；
5. 将黄油蛋糊分成均等的2份；
6. 低筋面粉和泡打粉分成2等份过筛，在其中1个小碗中筛入无糖可可粉；
7. 分别用橡皮刮刀翻拌均匀；
8. 将两种面团左右各一半装入裱花袋中，配中号六齿花嘴；
9. 在烤盘中挤出曲线饼干形状；
10. 烤箱预热，上火170℃，下火160℃，中层，烤25分钟左右，关火后余温再焖5分钟即可。

手指饼干 （14个）

上下火，180℃
中层，10~15 分钟

原料
Ingredients

蛋黄3个
蛋白2个
细砂糖55克
香草精3~5滴
低筋面粉70克

操作步骤 *Method*

1. 蛋黄3个、细砂糖20克倒入大碗中，加入几滴香草精；

2. 用打蛋器搅打均匀；

3. 筛入35克低筋面粉；

4. 用橡皮刮刀翻拌均匀；

5. 另取一盆，加入蛋白，分3次加入35克细砂糖，用电动打蛋器高速打至九分发，即硬性发泡（拉起打蛋头，盆内蛋白可以拉出直立不倒的蛋白尖）；

6. 往蛋黄糊中加入一半打发蛋白；

7. 用橡皮刮刀以不规则方向翻拌均匀；

8. 然后再筛入另外35克低筋面粉；

9. 用橡皮刮刀翻拌均匀；

10. 加入另一半打发蛋白；

11. 再次以不规则方向翻拌均匀；

12. 将面糊装入裱花袋，配中号圆口花嘴；

13. 将面糊在烤盘中挤出均匀的长条状；

14. 烤箱预热，上下火180℃，中层，10~15分钟，至颜色稍带焦黄即可，熄火后余温再焖10分钟左右。

📝 操作要点

1. 不可一次性加入所有面粉，那样蛋黄糊会很干，很难搅开；

2. 蛋白分次加入是为了减少消泡，同时可中和面糊的干稀度；

3. 拌面糊的手法一定要注意，不可打圈，不可过快搅拌，只能轻轻从下往上翻拌，或者以不规则方向翻拌，避免蛋白消泡，影响成品的膨发；

4. 此款饼干的质地很松软，因为组织很膨松有大量空洞，所以出炉冷却后要马上密封保存，否则很容易因为吸收空气中的湿气而变得过于绵软。

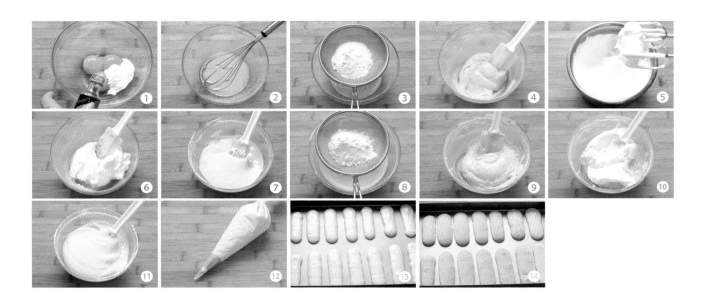

佛罗伦萨薄片 （9个）

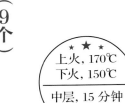

★ ★ ★
上火, 170℃
下火, 150℃
中层, 15 分钟
★ ★ ★

原料
Ingredients

黄油 30 克

细砂糖 25 克

牛奶 3 小勺

南瓜子仁 30 克

葵花子仁 30 克

糖渍橙皮丁 20 克

蔓越莓干 30 克

熟白芝麻 20 克

低筋面粉 15 克

坨坨妈·烘焙新手入门

操作步骤 *Method*

1. 小煎锅内放入黄油和细砂糖；

2. 直火小火加热搅拌至糖和黄油均匀熔化，熄火后加入牛奶混合均匀；

3. 将锅内的溶液倒入大碗中，再加入南瓜子仁、葵花子仁、熟白芝麻、切碎的糖渍橙皮丁和蔓越莓干，用小勺混合均匀；

4. 最后筛入低筋面粉；

5. 再次搅拌混合均匀；

6. 烤盘铺锡纸，将面糊勺在烤盘上然后用勺背均匀摊开成圆形薄片；

7. 烤箱预热，上火170℃，下火150℃，中层烤15分钟左右，取出，待饼干坯冷却变硬后从后部揭下锡纸即可。

操作要点

1.糖渍橙皮如果没有可以用蜂蜜柚子酱代替；

2.最好使用纯平烤盘，如果底不平可能薄片烤出来会呈波浪形；

3.薄片饼干出炉时还是软的，完全冷却后即可变得脆硬，所以不要取出时看饼干坯还是软的就认为没有烤好，观察是否烤好只要注意看颜色即可，饼干坯烤得略带焦色即是烤好了；

4.饼干刚出炉时不要急于揭下锡纸，稍冷却后更好操作。

杏仁瓦片酥

（9个）

上下火，180℃

中层，10 分钟

原料
Ingredients

黄油40克
细砂糖20克
蜂蜜10克
低筋面粉30克
大杏仁45克

操作步骤 *Method*

1. 黄油、细砂糖、蜂蜜同置一碗中；

2. 隔水加热搅拌至均匀熔化；

3. 筛入低筋面粉；

4. 再加入切碎的大杏仁；

5. 用小勺搅拌均匀；

6. 烤盘铺锡纸，将面糊勺入烤盘，然后用勺背摊开成圆形薄片；

7. 烤箱预热，上下火180℃，中层，烤10分钟；

8. 趁热揭下饼干坯，用擀面杖整形成瓦片状至冷却成形后再取下即可。

📝 操作要点

1. 黄油也可用小锅直火加热，这里只需溶化即可，注意直火加热不要加热过度，不用等至细砂糖完全熔化；

2. 最好使用纯平烤盘，如果底不平可能薄片烤出来会呈波浪形；

3. 最后一步用擀面杖整形成瓦片状要趁热操作；如果饼干坯冷却变硬就不好操作了，当然这一步也可省略，直接冷却后成平底的圆形薄饼也是可以的。

蛋糕类
没有想的那么难

蛋糕制作基础知识

蛋糕的分类及制作原理

按照蛋糕的不同制作方法可将蛋糕分为无需打发蛋糕、全蛋打发蛋糕、分蛋打发蛋糕、冷藏凝固型蛋糕这4种。

无需打发蛋糕

一般包括玛芬类的小杯子蛋糕、快速即食蛋糕，简易操作的传统欧式蛋糕等。

其制作原理是将面粉、鸡蛋、糖或者再加上巧克力等其他食材进行简单的混合，然后利用泡打粉或者小苏打这一类的膨发剂使其在烘焙过程中膨胀，从而得到松软的口感。

这一类蛋糕的优点是简单易操作，成功率高，基本零失败；缺点是仅依赖于膨发剂的蛋糕体组织终归没有打发后的蛋糕体膨发度高，口感也没有那么细腻柔软。

全蛋打发蛋糕

全蛋打发蛋糕的代表即是海绵蛋糕，也有长崎蛋糕这种分支。基本原理就是将鸡蛋中加入大量的糖，利用打蛋器的高速旋转将蛋液中打入大量的空气，同时糖和鸡蛋在高速旋转摩擦的过程中产生物理化学反应。鸡蛋会因摩擦力变白、糊化并因加入的空气而产生大量丰富的气泡，这种形态下再混入面粉的蛋糊中，在烘烤过程中，其中的空气遇热会膨胀，从而令蛋糕体膨发涨高得到如蜂巢般的中空组织。而气泡气体在烘焙过程中膨发殆尽，面粉与鸡蛋形成的组织壁已经因高温烘烤而硬化定型，最后完成蛋糕体的支持，形成蛋糕膨松柔软的口感。

分蛋打发蛋糕

分蛋打发蛋糕和全蛋打发蛋糕在膨胀和烘烤的原理上是一模一样的，唯一的区别是分蛋打发蛋糕是将蛋黄与蛋白分开打发。

在早期的烘焙发展过程中人们发现，纯用蛋白打发比用全蛋打发打出的蛋糊膨发度更高、气泡更细腻、硬度更好、组织更稳定；而在混合面粉的过程中因为面粉先与蛋黄混合再混入打发好的蛋白中，所以面糊消泡更少，从而能在烘焙后得到更细腻、更柔软、含水量更高、膨发度更好的蛋糕。这种蛋糕的代表就是戚风蛋糕。

香蕉乳酪巧克力豆玛芬

法式海绵蛋糕

8寸原味戚风蛋糕

冷藏凝固型蛋糕

　　冷藏凝固型蛋糕一般是指慕斯类蛋糕。准确来说这种蛋糕并非传统意义上的蛋糕，因为它并不是烘焙而成的，而是将奶油之类的食材打发后加入鱼胶、果胶等凝固剂，倒入特定的模具中再冷藏，利用胶类遇热液化遇冷凝固的特性，最后做出如蛋糕外形的甜点。这一类的甜点有时候会利用戚风或者海绵蛋糕等作夹层，也有纯用奶油制作的，从食材形态上来说更接近于是一种奶油冻。

　　在本书中我专门分出一节来写芝士蛋糕。芝士蛋糕的做法多样，有无需打发的传统芝士蛋糕，也有分蛋打发的轻乳酪，还有冷藏凝固型的冻芝士，所以这里就不把它分到哪一类里，只专门分一块来讲芝士蛋糕。

奥利奥芝士蛋糕

无需打发蛋糕制作要点

　　无需打发蛋糕面糊的制作非常简单，只是简单的混合即可，所以唯一需要注意的地方就是膨发剂的分量。

　　泡打粉和小苏打的基础成分就是碳酸氢钠（即通常所说的食用碱），在蛋糕面糊中加入的泡打粉或者小苏打不能太少也不能太多。太少的话蛋糕体发不起来就是死面团一个，太多的话烘焙出的蛋糕会有苦涩口感和碱味。所以，膨发剂分量一定要严格按照配方给出的量来配比，不要轻易更改。另外要注意的就是，这一类蛋糕冷却后会变硬，口感变差，所以最好在热的时候食用。

全蛋打发蛋糕制作要点

★以海绵蛋糕为例解析——海绵蛋糕制作流程

1.全蛋液用打蛋器打至粗泡；　　2.一次性加入糖；

3.将打蛋盆座于热水中高速打发；　　4.打至面糊成形有一定硬度；

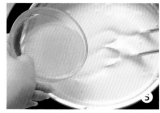 

5.加入油脂；　　6.加入面粉翻拌均匀；

7.入模；　　8.烘烤成型后冷却脱模。

制作海绵蛋糕的常见问题

★为什么我的全蛋打发不起来？

很多人做海绵蛋糕失败的原因无一例外是打发不了。海绵蛋糕和戚风不一样，戚风是分蛋打发法，蛋白只要打蛋盆干净很容易就可以打发起来；可是海绵蛋糕要用全蛋打发法，全蛋蛋糊相比起蛋白蛋糊更难打发，如何能保证打发成功，这里有几个非常关键的操作要点：

鸡蛋要新鲜 这个看起来像废话，但极有可能就是成败的关键。鸡蛋放久了，打出来是散黄蛋，很有可能就打发不起来，越打到后来越像水，所以挑新鲜的鸡蛋是第1步。

配方配比要正确 因为全蛋比蛋白不容易打发，所以一般海绵蛋糕的配方中砂糖的比例会很高，而有些人口味比较清淡，觉得吃太多的糖会不健康，所以拿到方子的时候喜欢减少一定的糖量。但海绵蛋糕的配方，最好不要轻易减少糖量，糖放少了，可能最后直接影响蛋的打发，以至于全蛋打发不起来。

海绵蛋糕配方的黄金比例，一般是黄油4%，蛋44%，面粉26%，糖26%，只要你的配方基本在这个范围以内无大差，就算是好的配方，只有好的配方才是通向成功的保证。

温度的控制 全蛋打发最重要的一点就是打发时需要一定的温度。如果使用常温鸡蛋，可以直接打发；如果从冰箱拿出来的冰鸡蛋，就需要事先拿到室温回温，夏天室温在30℃左右时可以不用坐热水，冬天室温较低时，打发全蛋时就需要在打蛋盆下坐一盆热水，以保持蛋糊的温度。

注意这里坐热水并不表示你得把水烧在锅里一直加热，而一般是取大盆或者大锅，加入半锅水加热至80℃左右，然后关火，把打蛋盆坐在热水里开始打发，千万不要一边加热一边打发，这样会煮出一锅蛋花汤。

打蛋的效率 全蛋的打发最讲究的是一鼓作气，中间最好不要停顿。一般标准程序是先用打蛋器低速将全蛋打至粗泡，然后一次性加入所有糖（打全蛋不比打蛋白，没必要分3次加糖），再换高速，一鼓作气将蛋打发。一般蛋糕打发到提起打蛋头蛋糊呈带状流下，而花纹不会马上消失的状态即可，不像戚风蛋糕要打发到可以拉出硬性蛋白尖的状态，因为全蛋是打发不到这个状态的。

正是因为全蛋打发的这个特性，就对打蛋器的质量有一定要求。一般大功率的打蛋器能很快打出标准的海绵蛋糊，而功率低质量不过关的打蛋器，即使打很长时间也达不到要求，更有可能刚开始打发起来一点，后来越打越下去。而长时间的打发如果中间不休息也很容易损伤电机。据不完全统计，烘焙中最容易烧机器的情况，排第一的就是用打蛋器打面团，第二就是打海绵蛋糊。所以这里建议大家选一台大功率质量比较过关的打蛋器，好的打蛋器短则5分钟，长则8~10分钟就可以打发全蛋，如果你用打蛋器打到15~20分钟还没打起来，就得考虑是不是要换一个了。

★为什么我的海绵蛋糕涨发不起来？

打发鸡蛋的目的是为了将蛋糊中尽可能多地打入空气，然后在烘焙过程中利用空气遇热膨胀的原理，让蛋糕体涨发，然后再将蛋糊由湿烤干，以构建起支撑蛋糕体的结构，这就像先建立细胞壁，然后再让细胞壁硬化的原理一样。

基于这个原理，蛋糕涨不起来的原因不外乎就是三个：第一，蛋没打发好；第二，打好的蛋糊在加入面粉的翻拌过程中让原本打入的空气流失了，消了泡；第三，没有烤熟，蛋和面糊没有烤到足够的硬度，所以无法构建起坚固的结构，让蛋糕体因为内部水分过多塌陷了。所以，这里要注意以下操作要点。

操作动作要快 全蛋面糊打好后，最好快速加入其他原料，快速翻拌均匀，然后快速入炉烘烤。所以，所有材料最好事先准备好，黄油提前溶化，面粉提前过筛，糖粉提前称好，这样在制作过程中就可以快速加入，一气呵成。

如果打完了蛋糕再去筛面粉、称糖、溶化黄油，蛋糕就可能在操作的过程中消泡，影响最后的涨发度。

面糊的翻拌手法 海绵面糊的翻拌手法和戚风一样，都是以不规则方式划拌，或者从下往上翻拌，鉴于戚风面糊可以先将蛋黄与面糊混合再加入蛋白糊中拌匀，而海绵蛋糕一般是直接在面糊中加入干面粉，所以海绵蛋糕在翻拌中更容易消泡，就更需要注意手法。

如果对自己翻拌的手法有信心，可以一次性直接加入所有面粉，然后快速以从下至上的手法翻拌，挑起橡皮刮刀时在盆壁边缘轻敲，以震开块状的干面粉颗粒。有些人说不可一次性加入面粉，最好分2~3次加入面粉翻拌，其实并非如此，翻拌的时间越长，蛋糕消泡会更多，分2~3次加入面粉会增加翻拌的时间，反而更容易消泡。至于说不容易拌开这一点，其实并不存在，因为在海绵配方中蛋的比例是相当高的，打发好的海绵蛋糊相对面粉来说是很大一盆，就体积来说基本是20：1，所以很容易拌得开，不会说很干拌不开。

如果对自己翻拌的手法没有信心，就可以采取比较保险的办法。那就是取1/4或者1/3的蛋糕，加入所有面粉先拌成比较浓稠的面糊，然后再将面糊加入到剩下的蛋糕中翻拌均匀，这样即使在翻拌过程中，一小部分的蛋糕消了泡，剩下大部分的面糊还是可以保证不消泡的。

面糊不要蹾 这是一个刚开始做蛋糕的人很容易犯的错误。刚开始做戚风蛋糕做习惯了的人，做海绵蛋糕时都会习惯性蹾几下。海绵蛋糕的蛋糕与戚风蛋糕的蛋糕不太一样，戚风蛋糕的蛋糕更细腻，将面糊蹾几下可以震出大的气泡，小的细的气泡是蹾不出来的，所以蹾面糊可以得到比较细腻的蛋糕体组织。

而海绵蛋糕里面的气泡组织本来就比戚风要大，如果蹾了，你会发现大气泡永远蹾不完，越蹾越多，反而会在本来光滑的表面蹾出很多的蜂窝面，最后成品蛋糕的表面会很不光滑，而且面糊的高度会越来越低。所以倒入模具后最好左右摇晃一下让它自己慢慢流平，如果流不平，可以轻轻蹾几下让表面平整，注意不要大力蹾。

烤制的时间 海绵蛋糕的烤制时间视模具的大小和厚薄而定，中等方形模具160~170℃，烤30~35分钟即可。如果用大烤盘烤比较薄的面糊，时间在25分钟左右即可。如果温度过高、时间过短，会造成表面糊了中间不熟。如果表面已经上色而时间还没烤够，可以中途加盖锡纸以免上色过深。如果在差不多的温度和时间内，你的蛋糕烤糊了或者不熟，就得调试一下烤箱温度，观察温度是不是不准，然后根据烤箱的温度来调整时间。

★海绵蛋糕为什么会开裂，或者中间有个大包？

这个问题出现的概率一般较低，但我还是要啰嗦两句。

海绵蛋糕不比戚风蛋糕和轻乳酪蛋糕，因为不是蛋白打发的蛋糕，所以膨胀力没有那么大，不容易出现开裂的问题。万一真有这种情况出现，不外乎是2种原因，一种是烤箱温度偏高了，膨胀快速以至于开裂；另一种就是配方中加入了泡打粉一类的膨发剂。

有些人的配方是网上乱找的，出处并不严谨，有些人也会因为在拌面糊的过程中感觉消泡比较严重，为了不浪费蛋糕，想加点儿泡打粉来补救。虽然这种情况不常见，但也是有的，势必造成蛋糕体中间鼓一个大包或者开裂的现象，因为泡打粉与蛋糕自身的膨发力不一样，两者膨胀是不均衡的。

掌握了以上几点，你一定可以做出完美的海绵蛋糕。

分蛋打发蛋糕制作要点

★以戚风蛋糕为例解析成败关键

开始做烘焙的朋友，无一例外总是从戚风蛋糕开始的，虽说这是烘焙的入门基础款，但很多新手仍然把它视作一道不容易翻过的"坎"。戚风蛋糕的原理虽然简单，可是很多人一开始总会在这上面多次栽跟头，因为它对每一步的过程要求很严格，只要有一个步骤没有做对，就直接影响最后的成败。

看了前面的蛋糕分类介绍我们会知道，戚风蛋糕不同于利用泡打粉膨发的玛芬，也不同于全蛋打发的海绵蛋糕，它是一种将蛋白和蛋黄分开打发后再混合的蛋糕体。

之所以要将蛋白和蛋黄分开打发，是因为单独的蛋白比全蛋更容易打发膨松。通过打蛋器的高速搅拌，使蛋白内打入尽可能多的空气，这样才可以在烘焙过程中，利用空气遇热膨胀的原理，使蛋糕体膨发胀大，从而得到蛋糕膨松绵软的口感。同时也因为蛋白和糖的高速搅拌摩擦发生反应，使蛋白硬化，这样打发出的蛋白，才可以在高温加热后变得比较坚挺，从而支持起蛋糕体的结构，不至于加热的时候膨胀起来，但一转凉就很快回缩。

看到这里大家就会有一点不明白了：为什么在烤箱里涨得挺好的，一出炉马上就塌了？这是因为蛋白要打发到足够的硬度才能有比较好的稳定性，而且蛋糕体一定要烤熟，即必需将水分蒸发到一定程度使蛋糕体变得更硬挺，才能形成较坚固的组织，不会因为蛋糕体内的空气和水分过多而塌陷。所以蛋白没打到位或者蛋糕没完全烤熟的就会容易塌。

蛋白要打发到怎样的程度才算打好呢？烘焙里做戚风蛋糕的专业术语是要打发到"硬性发泡"的状态，即我们常说的九分发。

第1步——打发蛋白（打到怎样的状态才叫九分发？）

1. 首先要取一个干净的打蛋盆。

打发蛋白影响成败的最初也是最关键的一点——打蛋盆是否干净。

所谓干净，是指盆内要完全清净干燥，无水、无油。盆中有水，或者有未擦干净的油渍，都会直接影响蛋白的打发。还有一点就是蛋白中不能混入蛋黄。分离蛋白和蛋黄的时候，偶尔会不小心将蛋黄弄破，有些人会不在意，将蛋白中混入的蛋黄液没有清除干净，这时候也很容易造成蛋白打发不起来。

有些新手会觉得奇怪：为什么蛋白总是打不起来，人家越打越膨发，自己越打越像水一碗？这时候就需要检查一下是不是打蛋盆不干净，混入了水、油或者蛋黄。

2. 打发蛋白的第2个要注意的地方就是——分次加糖法。先用低速将蛋白打发至出现鱼眼状的粗泡，不要先将糖加进去。过早的加入糖和一次性加入过多的糖，会影响蛋白的膨发性，所以先要将蛋白打到膨松的状态，再分3次加入糖来打发。

3. 打到鱼眼泡后加入第1次1/3量的糖。

4. 然后将蛋白用高速打发到非常膨松、泡沫比较细腻的状态。

5. 再入第2次1/3量的糖。

6. 打发到蛋白出现纹路，并且纹路不会马上消失的状态。

7. 此时加入第3次糖，再用高速打发。

8. 等到蛋白打发到比较硬的状态，拉起打蛋头，可以拉出蛋白尖，但蛋白尖会很快弯曲，这时候蛋白已经打发到七分发，也就是湿性发泡的状态。有些烘焙作品只需要将蛋白打发到湿性发泡即可，比如说马卡龙，但是戚风蛋糕要求打发到干性发泡，所以还要继续打。

9.再打一小会儿拉起打蛋头可以拉出直立的蛋白尖，并且不会弯曲，这时候蛋白就已经打发到硬性发泡了，也就是所谓的九分发。此时不能再打了，再打就将蛋白打过了，会打出一碗蛋花汤来，打过了的蛋白就不能使用了，所以一定要随时检查，自己控制好蛋白的打发程度。

掌握了蛋白的打发方法，只是你的戚风迈出了成功的第1步。

第2步——面糊的搅拌和混合（成功的关键）

打好了蛋白，你还需要注意的就是蛋白在面糊制作的过程中不能消泡，如果消泡，就等于做了无用功，到最后蛋糕依然会膨发不起来。

大家都知道打发好的蛋白如果与蛋黄、面粉、水油类物质混合搅拌的时候就会消泡。以前看很多人的做法是直接将面粉筛入打发蛋白中再翻拌拍散，这样实在是吃力不讨好。你就是手法再熟练，在翻拌的过程中蛋白还是会多少有一些消泡。所以为了防止蛋白消泡，就需要尽可能将搅拌混合的动作最少化。

现在比较流行的制作方法是，先将所有需要搅拌混合的材料全加到蛋黄糊里去，因为蛋黄糊不怕消泡，怎么搅随便你。也有些人会担心面粉过度搅拌会出筋，影响蛋糕的口感，其实不然，首先蛋糕用到的是低筋面粉，本来就不容易出筋；其次，手动搅拌到均匀无颗粒就可以了，犯不着用电动打蛋器使劲地搅。

把除了蛋白以外的所有材料都加到蛋黄糊里，到最后一步再混入蛋白，这样就可以最大限度地防止消泡。

混合的时候最需要注意的就是混合的手法，一般将2种面糊混合时，是先在蛋黄糊中加入1/3量的蛋白糊，混合均匀后再加入剩下的蛋白，不要一次性加入所有蛋白，这样不容易混合均匀，也容易让蛋白消泡。

混合面糊的时候，不能用打蛋器打圈搅拌，而应该用橡皮刮刀以不规则方向切拌或者从下往上翻拌的手法混合面糊，这样才能让蛋白最大程度上保持原有的打发状态，不至于过早消泡。

不规则方向翻拌

第3步——入模

戚风的模具一般是活底铝制或者铁制，这里尤其要注意的是，模具不要刷油、扑粉来防粘，也不要用不粘模具或者硅胶模具。

因为戚风蛋糕的原理就是让蛋糕贴在模具上不断爬高，戚风蛋糕专用的烟囱模就是为了增加蛋糊与模壁接触的面积来让蛋糕体更快地爬高，所以不要以为跟普通蛋糕一样不粘好脱模就是好的，模具刷油或者用不粘模会影响你的戚风蛋糕涨高的程度，这一点一定要注意！

第4步——蹾出面糊中的大气泡

戚风的制作中，蹾面糊这一步至关重要，因为蛋白在打发中打入了大量的空气，所以面糊中就会有大量的气泡，小的气泡无所谓。

那些细密的小气泡是戚风蛋糕成功的关键，因为只有蛋糕体中有大量的空气才能遇热膨胀，从而烤出松软好吃的蛋糕。但大的气泡就要消灭掉，如果不把大的气泡蹾出来，最后烤出来的戚风蛋糕就会大窟小眼，影响美观。

所以这里要不遗余力，尽量多蹾几下。一般只要蹾着还有大气泡冒出来的话，就要接着蹾下去，直到表面再没有大气泡出现就可以。大气泡出来得越多，戚风蛋糕最后成品就越细腻。

第5步——入炉烘烤

这时要注意的就是温度。戚风蛋糕面糊含水量很大，因为鸡蛋、牛奶、植物油都是液体，面粉含量一般很少，所以是一种不太容易熟的蛋糕。

如何测试蛋糕烤没烤熟其实很简单，一般来说看到面糊不再继续涨高，蛋糕表面硬化就基本上熟了，但内里熟没熟透不知道了。

这时可用一根牙签插入蛋糕中然后抽出，如果牙签表面干净就说明烤熟了，如果表面还有稀软的粘连物就说明还未完全烤熟，还要再接着烤。

戚风蛋糕需要低温长时间的烘烤，高温会造成蛋糕体表面爆裂或者表面糊了中间不熟。如果用烟囱模具做戚风蛋糕，不必太操心，反正它"爆头"也无所谓，最后脱模总是底朝上的。

但如果用一般的圆模，有些人就希望脱模时表面平整。所以为了防止平面戚风"爆头"开裂，就要注意一下。一般温度需保持在140~150℃，8寸戚风一般要烤60~70分钟，要想表面不开裂，在烤到40分钟的时候，就要将温度调低10℃，或者在蛋糕体表面加盖锡纸。有时候盖锡纸也有可能最后锡纸粘在蛋糕表面，撕下来的时候撕掉一大片皮，影响美观，所以最好的办法是在烤箱上层再加插一层烤盘，这样可以防止蛋糕表面受热过高而烤煳或者开裂。

当然你的烤箱也可能温度不准，如何调整烤箱温度，请参考第一章烤箱温度测试（第12页）。

万里长征都走完了，离成功只有一步之遥了，但很多人就毁在最后一步上，那就是脱模。

第6步——脱模

热胀冷缩，当烤箱熄火后，温度开始降低，蛋糕体很快就会开始回缩。

为了让戚风蛋糕不回缩不塌陷，很重要的一步就是，出炉后第一时间倒扣。

注意不要将模具直接扣在桌面上，要隔空一段距离，烟囱模因为中间高，可以直接倒扣。而平面模具，一般是倒扣在烤网上或者晾网上晾凉，这样才能将蛋糕体内的热气充分散发出来，不然直接扣在桌面上，就把水汽都关在蛋糕体内了，会很容易塌软导致最后脱模时不成形。

戚风蛋糕一般要等到完全冷却后再脱模，不要在热的时候心急脱模，热的时候蛋糕体内还有很多的水分，此时脱模蛋糕体会和模具粘连得比较紧，脱出来不光滑平整。

同时脱模时还要注意不要用脱模刀，直接用手按压边缘后剥离，也就是所谓的裸脱，反而会更容易脱模，不用担心会把蛋糕压塌了，好的戚风蛋糕是非常有弹性的，就算你把它折成90°还能弹回来。

如何打发奶油？

制作裱花奶油蛋糕或者慕斯蛋糕时，都需要打发奶油。奶油的打发其实非常简单，只需注意温度和速度。

一般来说制作裱花奶油蛋糕用鲜奶油（植物性奶油），慕斯类蛋糕用淡奶油（动物性奶油），只不过现在大多数家庭烘焙都不提倡用鲜奶油，基本都用的是淡奶油。

鲜奶油需冷冻保存，打发最佳温度在0~3℃，一般刚刚解冻，带点冰碴状态的鲜奶油最好打发。打发时无需加糖，解冻后可直接打发，打发速度以电动打蛋器的中速至高速为宜。

而淡奶油则需要加糖打发，打发最佳温度在7~10℃，也因为淡奶油容易变质的特性，所以，家庭使用淡奶油即使不开封也最好冷藏保存，使用时可直接从冰箱取出打发。而常温保存的淡奶油，可坐于冰水中打发，打发速度是先低速再高速。

不同品种的蛋糕对奶油打发的程度要求不同

一般慕斯类蛋糕只要求将奶油打发到七分发（软性发泡的状态），即搅打至刚刚出现花纹，但打蛋头停止旋转后花纹会呈现慢慢消失的状态。

裱花蛋糕需要将奶油打发至九分发（硬性发泡的状态），即奶油打发到有一定硬度的状态，此时手持打蛋器感觉得到打蛋头旋转时开始有明显的阻力，奶油出现清晰的花纹，并且打蛋头停止旋转后花纹也不会消失。

奶油打发的状态要求不同，是因为不同品种蛋糕对口感或者造型的要求不同所致。慕斯类蛋糕只需将奶油打发膨松，然后通过加入鱼胶、果胶之类的凝固剂来定型，所以不用打发到很硬的状态，软一些的奶油更易拥有细腻软嫩、入口即化的口感。

而裱花蛋糕因为需要用奶油来裱花造型，需要奶油达到更干硬一些的状态，这样在造型时才不至于很快溶化。所以在不同类型的蛋糕制作时对打发状态有不同的要求，一般配方要求的打发状态不要轻易改变。同时注意需要打发至硬性发泡的奶油也不能一味地长时间搅打，达到标准需要的状态就停止打发，否则很容易出现奶油打过头的情况。奶油打过了就会出现一碗肥皂泡似的状态，这样的奶油就没法再用了。

七分发/软性发泡

九分发/硬性发泡

裱花袋的正确使用方法

1. 如需要使用裱花嘴，要事先将裱花嘴装入裱花袋；
2. 取一个杯身比较高的杯子，将裱花袋尖角朝下放入杯中。我一般用量杯，因为量杯的尖嘴和裱花袋的形状很合；
3. 将裱花袋的上半部分翻过来包住杯沿；
4. 将奶油糊或者面糊倒入裱花袋中；
5. 提出裱花袋扭紧收口；
6. 使用时再将前部剪出合适的大小开口即可。一般挤奶油馅、慕斯糊、手指饼干等无需纹路的花纹时可不用配花嘴，直接把裱花袋剪个口就行了；剪小一点挤出来就是细条，剪大一点挤出来就是粗条，大小口径更便于控制。

模具的防粘处理

一般来说，每一种模具和每一种烘焙要求的不一样，对模具的处理都是不一样的，但为了脱模方便，也为了脱模后蛋糕体尽量保持完整，除了戚风蛋糕以外，大部分烘焙配方都要求对模具事先做防粘处理。一般来说防粘处理分以下几种情况：

涂软化黄油　　　　　　加垫油纸

模具刷油扑粉

这里要注意的是涂软化黄油不是涂液化黄油。黄油要用柔软如泥状的而不是完全溶化如水的。另外，铺油纸时注意要尽量裁剪的和模具内壁一样的大小。普通铝制模具除刷黄油外有时还需加扑粉，这时就需将模具内壁刷满软化黄油后再筛入少量干面粉，然后将面粉沿着模具滚动一圈使每一个地方都粘上面粉，然后再把模具内多余的粉倒掉即可。

慕斯类冷冻蛋糕的制作要点

慕斯蛋糕是相对来说比较简单的蛋糕，制作只需注意以下几点即可：

★奶油打发到合适的状态

上面介绍奶油打发时（第95页）说过，慕斯蛋糕的奶油糊只需打发到软性发泡即可，打发得过硬的奶油反而会丧失慕斯入口即化的软嫩口感。

★配方的比例要合适

首先是糖的比例。糖太少了不利于奶油的打发，多了口感太腻，所以这里要掌握一个合适的度。一般来说，淡奶油与糖的比例为10：1~10：2。这里糖的比例根据各人口味来调节，不喜欢太甜的朋友用10：1，喜欢吃甜一些的用10：2。

另一个是凝固剂的比例。凝固剂放得太少无法成型，放得太多口感太硬，所以适量为最好。如吉利丁一般说明书上的参考用量是1：40，即5克的吉利丁片/粉，可以凝结200克的液体，但此比例仅为液体能够凝结的基本比例；如果要做果冻布丁，一般建议按1：16的比例操作；如果做慕斯，一般6寸圆模用250毫升淡奶油打发加8~10克吉利丁片/粉，8寸圆模用500毫升淡奶油打发加16~20克吉利丁片/粉。另外要注意，如果是用杯子模具做慕斯蛋糕，成品无需脱模，为追求更软嫩的口感可相应减少吉利丁的比例。

★冷藏凝固的时间要足够

一般慕斯类的蛋糕冷藏2小时以上即可凝固成形，体积比较大的蛋糕4小时左右。冷藏时间不足，脱模时会散碎不成形。

★脱模要小心

很多人在制作时总是在最后这一步前功尽弃，因为脱模或者分切得不好看，最后成品就一塌糊涂。虽然蛋糕还是可以吃但心情就没那么美好了。正确的脱模方法是用热毛巾包裹慕斯框周圈，或者用吹风机吹热慕斯框的侧壁，然后迅速提起慕斯框，利用奶油遇热熔化的特性加上重力原理，使慕斯框脱离蛋糕体。注意这里用热敷或者热风吹的时间不能过长，感觉稍有溶化即可，否则蛋糕体会化得很难看。

另外切慕斯类蛋糕时要注意，要用薄且锋利的长直刀分切，切之前要将刀刃在火上烤一下，然后利落地一刀切下去，不要前后拖拉，切一刀后不能直接再切一刀。要把切过的刀擦干净，再烤热刀刃，然后再一刀切下去，如此反复，才能保证蛋糕的切面干净且光滑如镜。

芝士蛋糕的制作要点

芝士蛋糕里中乳酪和重乳酪基本没有技术难度，只是简单地把芝士、黄油、牛奶、鸡蛋、面粉和糖混合然后入模烘烤即可，很少有失败。而冻芝士和慕斯蛋糕的制作类似，制作要点可以参考上一篇。所以这里我也只专门来说一下出现问题最多的轻乳酪，其中网友问题最集中的一个就是——为什么我做的轻乳酪总是开裂？

经常做芝士蛋糕的朋友肯定会发现一个问题，中乳酪和重乳酪相比轻乳酪不容易开裂，全蛋法的比分蛋法的不容易开裂，为什么？

因为中乳酪、重乳酪与轻乳酪相比，黄油、芝士的比例比轻乳酪要高，相应的牛奶、蛋的比例会减少。大部分中乳酪和重乳酪的方子，只要求将全蛋打散和芝士、黄油混合即可，所以中乳酪和重乳酪的蛋糕糊更干，烘焙的过程中膨发性比较小，相对不容易开裂。

而轻乳酪蛋糕，因为本身没有黄油，芝士的成分也很少，所以相应的蛋和牛奶的比例会很高，而且是用分蛋法即蛋白蛋黄分开打发，利用蛋白的膨发性来支撑蛋糕体，这和戚风蛋糕的原理是一样的，但纠结之处也在此。

众所周知，好的戚风蛋糕一定会是"爆头"的，不爆的戚风证明没有发起来，口感不绵软。而同样是利用蛋白膨发原理的轻乳酪，你又要让它发起来，又要让它不"爆头"不开裂，这就需要讲究一定的技巧。

轻乳酪不开裂的方法

★蛋白的打发程度

戚风蛋糕为什么会"爆"？是因为戚风蛋糕的蛋白是打发到九分发，即干性发泡即拉起打蛋头蛋白糊可以拉出直立不弯曲的蛋白尖。一般蛋白打发到这种程度，蛋糕体在烘烤的过程中才能有很好的支撑性，这种程度的蛋白可以支持蛋糕体在模具中不断爬高，直至疯长"爆头"。

而轻乳酪的蛋白，只能打到五六分发，状态，即打蛋头旋转过后刚刚出现纹路，提起打蛋头是半液态下垂的状态，为什么呢？因为只有将蛋白打发到这种状态，才能保证蛋糕体有一定的膨发性，但又不至于过度膨发而使蛋糕表面开裂。

下图中两张打发程度的状态图，各位对比一下以做参考，便可以轻松掌握自己所需要的蛋白的打发程度了。

九分发／干性发泡

五至六分发／湿性发泡

★烤箱的温度

一般轻乳酪的方子会给出160℃或者150℃，水浴法，60~70分钟。

这是指你的烤箱是标准温度的情况，如果你的烤箱温度不准确，就需要相应的调高或者降低温度来操作，关于烤箱温度的测试与调节方法，请参考本书第12页。

也有人会用140℃烤90分钟这种低温长时间烘烤的方式来保证蛋糕体不开裂，各种配方有各种配方的道理，有时间可以都试一下，看哪一种是最适合自家烤箱的操作。

★水浴法烘焙

轻乳酪一定要用到水浴法的一个原因是，水可以降低烤箱的实际温度，同时在持续加热的过程中，让烤箱中有充足的蒸气，从而保持蛋糕体表面湿度，以免因烘烤时表面过干而开裂。这里加入的水可以是热水也可以是冷水或者温水，只需注意加热水要多加一些，因为蒸发得很快，若加冷水烘焙时间需延长。

在烘烤的后期，一般是35~40分钟以后，蛋糕表面已经带焦色时，可以在蛋糕表面加盖锡纸，或者在烤箱上层加插一层烤盘，来降低温度，以免表面过干而硬而开裂。但加盖锡纸有时候会粘连在蛋糕表面，揭下时影响美观，所以我个人更喜欢在烤箱最上层加插一个烤盘。

芝士蛋糕的脱膜

用活底模具脱模比较方便，稍冷却后直接将底部上顶即可脱模，但用活底模具水浴时要用锡纸包底以防进水。有些人嫌麻烦就直接用固底模具，可是固底模具脱模不方便，有时候扣不出来用刀划、用手拍，最后脱不成型，其实只要掌握一些小诀窍，固底模具也很好脱模的。

1.最好选择不粘材质的固定模具，如果不是不粘的就在使用前刷油扑粉，具体方法参考本书第96页。

2.面糊入模前在模具底部加垫一张和底部相同大小的油纸。制作方法也很简单，把模具压在油纸上用铅笔沿周边画一圈再剪下来即可。

3.要掌握脱模的最佳时机，一般是在烤好后冷却了10~15分钟。因热胀冷缩的原因，蛋糕体周圈会自然与模具裂出一圈缝隙，这时用脱模刀沿周边划一圈，有时候不用划直接倒扣就可以顺利脱模了。

香蕉乳酪巧克力豆玛芬 （7个）

上下火，170℃
中层，35~40分钟

操作步骤 *Method*

1. 黄油和奶油奶酪置于室温软化；

2. 用电动打蛋器以低速搅打至顺滑；

3. 加入糖粉，搅打至光滑无颗粒；

4. 鸡蛋打散，分3次加入盆中，每次需搅打均匀至完全乳化后再加下一次；

5. 将低筋面粉、泡打粉、小苏打、盐混合，筛入盆中，低速搅打均匀；

6. 香蕉去皮切小块，用叉子碾压成泥状，加入盆中，同样低速搅打均匀；

7. 加入烘焙用巧克力豆，改用橡皮刮刀拌匀；

8. 将拌好的面糊用小勺装入纸杯模具中，并轻轻蹾几下底部使表面平整，入模八分满，表面再装饰适量的巧克力豆，烤箱预热，170℃，上下火，中层，35~40分钟即可。

原料

Ingredients

黄油120克

奶油奶酪125克

糖粉100克

鸡蛋2个

低筋面粉120克

盐1/8小勺

泡打粉1小勺

小苏打1/4小勺

香蕉2根

烘焙用巧克力豆40克

模具

直径7厘米、高7厘米纸杯

模7个

祖母蛋糕（8个）

上火，190℃
下火，180℃
中层，20~25分钟

原料
Ingredients

葡萄干100克
朗姆酒100克
饼干屑100克
黄油80克
黄砂糖(金砂糖)50克
全蛋液2个
朗姆酒2小勺
低筋面粉80克
小苏打1/4小勺

模具
直径4.5厘米、高3.5厘米
纸模8个

操作步骤

1. 葡萄干浸泡在朗姆酒内1小时以上，泡软入味；
2. 挤干水分备用；
3. 饼干屑后与葡萄干混合均匀；
4. 黄油加入黄砂糖；
5. 隔80℃左右热水用打蛋器搅打至黄油溶化；
6. 加入2小勺朗姆酒；
7. 分次加入全蛋液；
8. 快速搅打均匀；
9. 低筋面粉与小苏打混合筛入碗中；
10. 用打蛋器以不规则方向拌匀呈面糊状；
11. 倒入饼干屑与葡萄干的混合物；
12. 用橡皮刮刀翻拌成均匀的面糊；
13. 舀入纸模约九分满；
14. 烤箱预热，上火190℃，下火180℃，中层烘烤20~25分钟。

操作要点

1. 饼干屑也可以用海绵蛋糕或者戚风蛋糕来代替，只要撕碎成小块即可；

2. 黄油加黄砂糖用隔水加热或者微波加热均可，搅拌至黄油溶化而黄砂糖尚未完全溶化即可。

奶香芝麻小蛋糕 （8个）

上下火，180℃

中层，20~25 分钟

原料
Ingredients

黄油100克

糖粉60克

蛋黄40克（约2个）

牛奶30毫升

低筋面粉80克

杏仁粉20克

泡打粉1/4小勺

黑、白芝麻各1大勺

模具

直径7厘米、高4厘米
纸模8个

坨坨妈·烘焙新手入门

102

操作步骤 *Method*

1. 黄油室温软化；

2. 用打蛋器低速搅打均匀；

3. 加入糖粉；

4. 搅打至微微发白；

5. 分2次加入打散的蛋黄，搅打均匀；

6. 加入牛奶，搅打均匀；

7. 低筋面粉、杏仁粉、泡打粉混合，筛入黄油盆中；

8. 用橡皮刮刀以不规则方向拌匀；

9. 加入白芝麻与黑芝麻；

10. 同样以不规则方向拌匀；

11. 模具垫纸，将面糊舀入模具中，八九分满，面糊较干，可用勺背按压抹平表面；

12. 烤箱预热，180℃，中层，上下火，烤20~25分钟即可。

操作要点

1. 此款小蛋糕的黄油分量很重，在口感上更偏向于磅蛋糕而不是玛芬，烤的过程中可以看到很多黄油滋滋冒泡，但到最后成形时都看不见，已完全被蛋糕体吸收，所以这款蛋糕的表面是酥脆的口感，而内里是松软的；

2. 这款蛋糕最好趁热食用，放凉后再吃口感会大打折扣！

熔岩巧克力蛋糕 （3个）

★ ★ ★
上下火，22℃
中层，10分
★ ★ ★

原料
Ingredients

黑巧克力70克
黄油55克
鸡蛋1个
蛋黄1个
细砂糖20克
低筋面粉30克
朗姆酒1大勺

表面装饰

糖粉适量

操作步骤 *Method*

1. 黄油和黑巧克力同置于大碗中;
2. 隔水加热并不断搅拌至完全熔化,然后冷却至35℃左右;
3. 把鸡蛋和蛋黄加入另一个碗中,加入细砂糖;
4. 用打蛋器打发至稍有浓稠的感觉即可,不必完全打发;
5. 把打好的鸡蛋倒入黑巧克力与黄油的混合物中,再加入朗姆酒,搅拌均匀;
6. 筛入低筋面粉;
7. 用橡皮刮刀轻轻翻拌均匀,拌好的巧克力面糊放入冰箱冷藏半个小时;
8. 冷藏好的面糊,倒入纸模具,七分满;
9. 烤箱预热,上下火220℃,中层,烤10分钟;第一时间取出,不要在烤箱中焖,以免巧克力流心被焖熟,待不烫手的时候,撕去纸模,撒上糖粉,趁热食用。

操作要点

    1. 这款蛋糕的原理就是用大火高温快速地烤熟蛋糕表面,而中间的面糊还是半生的液体状,所以撕去纸模后会有熔岩一样流出的巧克力流心,而这种半生不熟的流质口感,就是这道蛋糕最让人惊喜的诱惑。

    2. 做这款蛋糕,切记一定要烤箱火猛,上下火一定要加热到220℃再将面糊送入,一般烤8~10分钟至表面结皮后,快速取出;温度过低,时间一长,蛋糕就全熟了,就做不出熔岩的效果,就成了巧克力玛芬;出炉后也请趁热食用,不然冷却后流心就会迅速凝结,影响蛋糕的口感。

玛德琳

（54个）

上下火，180℃
中层，15分钟

原料
Ingredients

鸡蛋85克
糖粉70克
盐1克
牛奶25克
香草精3滴
低筋面粉100克
泡打粉1/4小勺
黄油100克
抹茶粉3克
可可粉3克

模具
18连迷你玛德琳模3盘

操作步骤 *Method*

1. 模具内部抹上半溶化的黄油（分量外），置于冰箱冷藏备用；

2. 取1个碗，加入鸡蛋、糖粉、盐、牛奶和香草精；

3. 用打蛋器搅打均匀；

4. 低筋面粉与泡打粉混合筛入碗中；

5. 用打蛋器搅拌均匀；

6. 加入溶化的黄油；

7. 再次搅拌均匀；

8. 将面糊分成3等份，将其中2份分别筛入可可粉和抹茶粉；

9. 再次搅拌均匀；

10. 将3种面糊分别装入裱花袋中；

11. 将裱花袋剪一小口，将面糊挤入模具中，八九分满；

12. 烤箱预热，上下火180℃，中层，烤15分钟；

13. 可可面糊重复以上操作即可；

14. 抹茶面糊也一样。

操作要点

基础面糊中还可加入少许柠檬皮或者10毫升白兰地橘子酒、君度力娇橙酒等，可解油腻并增加风味；而口味的变化就更随意了，只要在原味面糊中加入不同的粉类或者酱料就可以品尝到各种不同的风味，除了可可粉、抹茶粉这种基本的变化，还可加入黄金乳酪粉、南瓜粉、草莓粉、红曲粉、焦糖奶油酱等。

萨瓦琳（8个）

原料
Ingredients

蛋糕体
黄油105克
低筋面粉90克
糖粉75克
玉米淀粉5克
杏仁粉15克
蛋黄液35克
牛奶20克
香草精1/4小勺
巧克力15克

巧克力馅
淡奶油75克
苦甜巧克力90克
镜面果膏15克

表面装饰
食用金箔少许

模具
8连萨瓦琳模具1个

操作步骤 *Method*

1. 黄油室温软化，置于大碗中，将所有干粉类混合过筛，筛入碗中；

2. 先用硬质刮刀混合碾压成泥；

3. 再用电动打蛋器由低速至高速搅打至均匀顺滑；

4. 加入打散的蛋黄液；

5. 加入香草精；

6. 再次搅打均匀；

7. 用刨刀将巧克力刨成碎屑加入碗中；

8. 用橡皮刮刀混合均匀；

9. 装入裱花袋中；

10. 将裱花袋剪一小口，将面糊挤入萨瓦琳模具中，约八分满；

11. 将模具置于平底烤盘上，送入预热好的烤箱，上下火180℃，中层，烤20~25分钟；

12. 烤蛋糕时可制作巧克力馅，将淡奶油小火加热至50℃时熄火，加入切碎的苦甜巧克力；

13. 用橡皮刮刀搅拌至均匀溶化，然后加入镜面果膏混合均匀即可；

14. 将巧克力糊装入裱花袋备用；

15. 将烤好的萨瓦琳取出，冷却至不烫手时，倒扣胶模置于盘中，中间挤入巧克力糊，并装饰少许食用金箔，再冷却至巧克力糊凝固即可。

📝 操作要点

1. 萨瓦琳一定要完全烤熟并冷却一会儿后才好脱模，如果没有完全烤熟，会在脱模时有部分粘连在模具上，所以脱模时要注意观察，烤至表面上色带焦边的状态即可；

2. 食用金箔价格高昂，并非烘焙常用品，只是为了装饰好看，如果没有可以不用。

可露丽

（15个）

第1次
★★★
上下火, 180℃
中下层, 25 分钟
★★★

第2次
★★★
下火, 230℃
下层, 30 分钟
★★★

原料
Ingredients

牛奶 500 克

香草豆荚 1/3 根

全蛋液 100 克

蛋黄液 40 克

低筋面粉 100 克

糖粉 200 克

黄油 50 克

盐 2 克

朗姆酒 10 毫升

模具

15 连可露丽模具 1 个

操作步骤 *Method*

1. 奶锅中倒入牛奶，香草豆荚剖开，将香草籽用尖刀刮入牛奶中，再将牛奶加热至沸腾后关火，盖上盖子冷却后送入冰箱冷藏12小时；

2. 将筛网上垫滤纸，将牛奶过滤一遍，滤出香草籽和豆荚；

3. 全蛋液、蛋黄液、糖粉置于大碗中；

4. 用打蛋器搅打均匀至微微发白；

5. 筛入低筋面粉与盐，搅拌成均匀的面糊；

6. 加入溶化黄油，再次搅拌均匀；

7. 最后加入朗姆酒搅拌均匀；

8. 将牛奶倒入面糊中；

9. 一边倒一边搅拌均匀；

10. 将面糊包上保鲜膜送入冰箱冷藏48小时至面糊熟成；

11. 48小时后将面糊取出倒入尖嘴大杯中并再次搅拌均匀；

12. 可露丽模具刷上半溶化黄油（分量外）；

13. 将面糊倒入模具中，九分满或者全满；

14. 烤箱预热，上下火180℃，中下层，烤25分钟后面团会涨起凸出模具；

15. 此时须用长刀或者筷子挑起模具轻轻抖几下使面团落下，这个过程要重复3~4次；

16. 直到面团全部落下不再涨起时，关上火，改下火230℃，将烤盘移至最下层，再烤约30分钟至底部上色即可；

17. 最后脱模即可食用。

操作要点

可露丽之名是源于16世纪波尔多地区的修道院Cannelés de Bordeaux，法国修女发明的下午茶点心，虽然配方并不复杂，但制作起来却相当有讲究；正规传统的做法是用铜制模具，且模具内除了刷黄油还要刷蜂蜡，只有这两样相加才能保证可露丽的成品有上色如巧克力的焦糖表面，但铜模的价格实在相当地高，一套模具几千块也不是很有必要，所以这里我用的是普通的硅胶模具，虽然上色不如铜模色深均匀，但大体上还是过得去的。

费南雪（8个）

上下火，220℃

中层，15 分钟

原料
Ingredients

有盐黄油55克
发酵黄油55克
杏仁粉90克
低筋面粉60克
糖粉120克
蛋白112克
蜂蜜10克
香草精1/4小勺

模具
金色不粘金砖模8个

操作步骤 *Method*

1. 有盐黄油与发酵黄油同时置于小锅中;

2. 一边中小火加热,一边晃动锅底,使黄油均匀熔化;

3. 再加热至黄油焦化变成深褐色时关火;

4. 筛网加滤纸,将黄油过滤一遍,滤出其中的黑渣,
   冷却至常温备用;

5. 取一大碗,将杏仁粉过筛,筛入碗中;

6. 再筛入低筋面粉;

7. 再筛入半量的糖粉;

8. 将碗中的粉类混合均匀;

9. 蛋白、另半量的糖粉、蜂蜜用打蛋器搅打至粗泡;

10. 将粉类倒入蛋白盆中;

11. 搅拌均匀;

12. 再倒入冷却后的焦化黄油;

13. 再次搅拌均匀;

14. 将面糊装入裱花袋,送入冰箱冷藏6小时;

15. 模具内壁刷软化黄油(分量外),同时也送入冰箱
    冷藏备用;

16. 将冷藏好的面糊挤入模具内,八九分满;

17. 烤箱预热,上下火220℃,烤约15分钟;

18. 出炉后脱模即可食用。

📝 操作要点

1.费南雪，从制作方法来说译为"杏仁长蛋糕"，源自法语Financier，本义为金融家、富翁；之所以以此命名，是因为最初的Financie是巴黎证券交易所附近的蛋糕师傅发明的茶点，做得很像缩小版的金条，据说一来是为金融家们讨个彩头，二来是为了让他们能快速吃完并不弄脏西装，因为这款蛋糕形似金砖，也称为金砖蛋糕；

2.注意配方中用的是有盐黄油和发酵奶油，暂无有盐黄油的话，就用55克无盐黄油加1克盐；发酵黄油也称酸黄油，用于重油蛋糕、小蛋糕之类的点心，可以增加风味；

3.费南雪的面糊本来不冷藏也可直接烘烤，但不冷藏的面糊非常稀，面糊挤入模具时，从一个模具转到另一个模具的时候容易滴得到处都是，所以冷藏后，油脂半硬化时更好操作；另外冷藏的过程也可使面糊中的气泡消除一部分，成品的组织会更细腻；

4.关于杏仁粉的过筛，这对大多数人来说都是个相当头疼的问题；杏仁粉的颗粒较粗，用一般的面粉筛过筛会很吃力，纯靠抖动很难筛下来，这时大多数人会用勺背或者刮刀在筛网上碾压，这样会使杏仁粉摩擦出油，最后变成杏仁泥，筛网洞会被堵死，更难筛出，

所以我给出的方法虽然有些偷懒、有一点点浪费，但却是最省时省力的——第一种方法，筛杏仁粉用网眼稍大一些的筛子，筛杏仁粉时和糖粉一起

过筛，可以防止杏仁粉摩擦出油；或者第二种方法，将杏仁粉稍搓散，里面有些小颗粒也无妨，直接与面粉、糖粉一起倒入蛋白糊中混合，最后将混合好的泥糊过筛，一边过筛一边用小勺勺背打圈碾压，很快就可以尽数滤完，有少量比较粗的杏仁粉碾压过后也滤不下去的就扔掉好了，最后再把过滤好的面糊搅拌均匀即可，注意筛子反面的面糊也要用橡皮刮刀刮下来。

巧克力布朗尼

操作步骤 *Method*

1. 黄油与黑巧克力隔水加热至熔化;

2. 加入细砂糖拌匀;

3. 再次隔水加热,边加热边搅拌,至糖完全融化;

4. 将盆取出,等温度降至45℃以下时,分3次加入打散的全蛋液;

5. 用打蛋器搅打均匀;

6. 所有粉类混合后过筛,筛入巧克力糊中,用橡皮刮刀拌匀;

7. 加入牛奶拌匀;

8. 核桃切成碎末;

9. 将巧克力面糊倒入模具中踆平表面,再将核桃碎均匀地撒在面糊表面;

10. 烤箱预热,180℃,上下火,中层,烤20分钟即可;出炉后晾至完全冷却后,分切成正方小块,即可食用。

原料 *Ingredients*

黄油 150 克
细砂糖 100 克
可可粉 20 克
黑巧克力 150 克
全蛋液 3 个
牛奶 30 克
低筋面粉 150 克
泡打粉 1/4 小勺
小苏打 1/8 小勺
核桃碎 60 克

模具

20 厘米×20 厘米
方形烤盘 1 个

Part 3 蛋糕类 没有想的那么难

115

柠檬卡特卡

上下火, 180℃
中下层, 40 分钟

原料
Ingredients

黄油150克
细砂糖120克
盐1/4小勺
香草精3~5滴
鸡蛋3个
柠檬皮屑（1个份）
低筋面粉150克
泡打粉1/4小勺

模具
19厘米×9厘米×7厘米
大号雪芳模1个

坨坨妈·烘焙新手入门

操作步骤 *Method*

1. 低筋面粉、泡打粉、盐混合过筛备用；

2. 柠檬1个，将表面擦成皮屑，注意不要擦到白色的部分，会苦；

3. 黄油室温软化；

4. 加入细砂糖，打发至微微发白；

5. 分3~4次加入打散的鸡蛋液，充分搅打均匀；

6. 加入柠檬皮屑；

7. 滴入几滴香草精（没有可不加），搅拌均匀；

8. 加入过筛的粉类；

9. 以不规则手法拌匀；

10. 模具刷油扑粉，将面糊倒入模具中，刮平表面；

11. 烤箱预热，180℃，上下火，置于中下层，40分钟，烤至20分钟时，取出用小刀沿中间划一刀，再送入烤箱烘烤；

12. 烤至蛋糕中间隆起，表面呈微焦色即可；各人烤箱火力不一，如果时间未到而表面已经上色，可以加盖锡纸再烤以免表皮焦黑。

📝 操作要点

1. 卡特卡（Quatre Quatres）即Pound Cake，法国人都称为卡特卡，法文又叫四分四蛋糕Quatre－Quatre，即蛋、牛油、糖、面粉这四种材料各占四分之一；美国人叫它磅蛋糕（pouda cake），就是说约1磅黄油，1磅糖，1磅面粉，1磅鸡蛋，就可以做出1个美味无敌的蛋糕；

2. 烤好的蛋糕，晾至完全冷却后，用脱模刀沿边缘划一圈，倒扣磕几下即可脱模。

意大利波伦塔蛋糕

操作要点

1. 这款蛋糕原配方中要用75克黄油和150克糖，吃起来口感和磅蛋糕很类似，我感觉过甜过腻，所以给出的配方里减了糖和油的分量，相对来说更适合中国人的口味（虽然我觉得热量还是很高）；

2. 表面的黄油在烤的过程中会滋滋作响，像是油都浮在表面；不用担心，表面这层黄油和糖在面糊不熟的时候，可起到将苹果煎成焦糖苹果的作用，等蛋糕烤熟，蛋糊膨胀后，蛋糕体出现蜂洞，黄油就会逐渐被蛋糕体吸收；这时，表面是否还有油、苹果是否变成焦糖色是衡量蛋糕是否烤好的标准之一；如果对自家烤箱温度和时间掌握不准的，看这两项就好啦，一般表面开始没有黄油，蛋糕膨胀至1.5~2倍高，表面呈现焦色，蛋糕就差不多快好了，这时候可以加盖锡纸，再焖15分钟左右；

3. 这款蛋糕因为油比较重，玉米面的口感也相对扎实，不像戚风蛋糕那样绵软，所以热食口感更好一些，如果放凉了食用，会感觉比较腻，搭配咖啡或者酸奶，是很不错的下午茶选择。

★ ★ ★
上下火，190℃
中层，40分钟
★ ★ ★

原料
Ingredients

鸡蛋100克
细砂糖80克
盐1/2小勺
牛奶75克
黄油60克
低筋面粉70克
玉米粉65克
泡打粉1/4小勺
柠檬皮屑1个份
葡萄干40克
朗姆酒50克
苹果1个
杏仁片25克
糖粉20克

模具
6寸圆形活底蛋糕模1个

操作步骤 *Method*

1. 葡萄干用朗姆酒浸泡一夜，滤出备用；

2. 苹果去皮、去核；

3. 把苹果切成薄片；

4. 柠檬刨出皮屑，注意不要刮到白色的部分；

5. 模具刷上软化黄油，扑上少许干淀粉（分量外）；

6. 鸡蛋打入大碗中，加入细砂糖；

7. 搅打至粗泡即可，无需打发；

8. 加入牛奶搅拌均匀；

9. 黄油微波或者隔水溶化，将一半黄油倒入蛋糕中；

10. 再次搅拌均匀；

11. 低筋面粉、玉米粉、泡打粉、盐混合过筛，筛入蛋糊碗中；

12. 用打蛋器搅拌成光滑均匀的面糊；

13. 加入葡萄干和柠檬皮屑拌匀；

14. 将面糊倒入6寸蛋糕模具中；

15. 表面均匀地摆放上一层苹果片；

16. 再撒上杏仁片；

17. 将另一半溶化黄油倒在表面；

18. 再筛入糖粉；

19. 烤箱预热，上下火190℃，中层，烤40分钟，中途表面焦化上色后，须加盖锡纸；

20. 取出晾至不烫手时用小刀沿边缘划一圈，脱模即可。

操作要点

1. 戚风蛋糕的打发与操作要点请参考本书第92页；

2. 烘焙的温度可以有多种选择，140℃烤80分钟，150℃烤60分钟；或者160℃烤40分钟，换到150℃接着烤15分钟等；同时温度也需要根据自家烤箱的实际温度做调节。

6寸原味戚风

★ ★ ★

上下火，140℃

中下层，80分钟

★ ★ ★

原料
Ingredients

蛋黄糊
蛋黄3个
糖粉15克
牛奶40克
色拉油30克
低筋面粉60克

蛋白糊
蛋白3个
糖粉35克

模具
6寸圆形活底中空模
1个

操作步骤 *Method*

1. 将蛋黄、蛋白分离至2个大碗中，分离时最好用小碗先一个个地分，再倒入大碗中，以免打开一个坏鸡蛋使其他蛋白或者蛋黄都不能用；

2. 将蛋黄碗中加入15克糖粉；

3. 用打蛋器搅打均匀；

4. 加入牛奶和色拉油，再次搅打均匀；

5. 筛入低筋面粉；

6. 用手动打蛋器搅拌成均匀的蛋糊；

7. 蛋白装入干净无油的打蛋盆中；

8. 分3次加入35克糖，搅打至硬性发泡；

9. 取1/3打发蛋白加入蛋黄糊中；

10. 以不规则方向切拌均匀；

11. 再将拌好的蛋糊倒回蛋白盆中；

12. 再次翻拌均匀；

13. 倒入中空模具中，蹾出大气泡；

14. 烤箱预热，上下火140℃，中下层，烤80分钟；

15. 烘烤过程中面糊会膨发涨高，表面或许会出现爆裂，不必太在意；

16. 出炉后第一时间倒扣；

17. 冷却后用手按压蛋糕边缘一整圈使蛋糕体与模具壁脱离；

18. 模具底杯垫个杯子，按住模具边缘用力下压脱模；

19. 最后将模具倒扣，用长直刀沿模具底边切一圈；

20. 然后将刀身往下按使蛋糕整体脱离即可。

南瓜戚风

上下火，150℃
中下层，60 分钟

原料
Ingredients

南瓜蛋黄糊
南瓜50克（去皮后）
橙汁30克
蛋黄2个
糖粉20克
色拉油25克
低筋面粉50克
泡打粉1/4小勺

蛋白糊
蛋白3个
糖粉30克

模具
6寸中空模1个

操作步骤 *Method*

1. 南瓜去皮、去子后切大块；
2. 将南瓜块蒸熟后用勺背碾压成泥；
3. 加入橙汁混合搅拌均匀；
4. 然后将混合后的南瓜糊用筛网碾压过滤一遍以得到更细腻的南瓜泥；
5. 另取一碗，放入2个蛋黄和20克糖粉，搅打均匀；
6. 将南瓜泥倒入蛋黄糊中；
7. 再加入色拉油搅打均匀；
8. 筛入低筋面粉与泡打粉；
9. 再次搅打均匀；
10. 另取一大盆加入3个蛋白，分3次加入30克糖粉搅打至硬性发泡；
11. 取1/3打发蛋白，加入南瓜蛋黄糊中；
12. 翻拌均匀；
13. 再全部倒入蛋白盆中；
14. 再次翻拌均匀；
15. 入模，蹾出大气泡；
16. 烤箱预热，中下层，上下火150℃，烤60分钟左右，出炉后倒扣脱模即可。

红曲戚风

原料 *Ingredients*

红曲蛋黄糊

蛋黄2个
糖粉15克
橙汁20克
色拉油20克
红曲粉5克
低筋面粉40克

蛋白糊

蛋白3个
糖粉35克

模具

6寸中空模1个

上下火,150℃
中下层,60分钟

操作步骤 *Method*

制作方法与巧克力戚风(第125页)基本相同。

 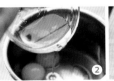    

巧克力戚风

原料
Ingredients

巧克力蛋黄糊

蛋黄 3 个
糖粉 30 克
巧克力酱 50 克
可可粉 15 克
小苏打 1/4 小勺
色拉油 40 克
低筋面粉 50 克

蛋白糊

蛋白 3 个
糖粉 40 克

模具

6 寸圆模 1 个

操作步骤 *Method*

巧克力戚风的操作步骤与南瓜戚风(第122页)基本相同,只不过在加入巧克力酱后要将几种干粉混合过筛。在面粉中加入各种干粉类来改变口味也是戚风蛋糕常用的做法,常见的有加入可可粉、抹茶粉、红曲粉等,做法也很简单,只需将各种干粉与面粉混合过筛即可。

这里要注意的是,可可粉和抹茶粉本身苦味重,所以配方中需要增加糖的分量,同时在面糊中加入巧克力糊和可可粉后蛋白消泡会非常快,所以要加入小苏打中和可可粉的口感并加强膨发性,在制作中要注意第1次只加少量蛋白拌入蛋黄糊中,第2次加入蛋白时要迅速翻拌均匀入模烘烤,以免蛋白消泡影响成品的膨发度。

操作步骤 *Method*

1. 在淡奶油中一次性加入糖粉，挤入约半个柠檬的汁，搅打至硬性发泡；

2. 将打发好的奶油用橡皮刮刀直接涂抹在蛋糕体上；

3. 外部、内侧、周边都涂满厚厚一层；

4. 然后用刮刀以从下至上的方式把周圈一板一板地刮平，形成均匀的螺旋花纹；

5. 然后再将顶部的奶油从里到外以同样手法刮匀，形成螺旋花纹；

6. 最后将柠檬皮切细丝装饰在蛋糕表面，并插上薄荷叶即可。

柠檬薄荷奶油戚风

原料

Ingredients

6寸中空戚风蛋糕体1个
淡奶油200克
糖粉40克
柠檬半个
薄荷叶适量

桂花蜂蜜奶油戚风

原料
Ingredients

6寸中空戚风蛋糕体1个
淡奶油200克
糖粉40克
蜂蜜10克
干桂花适量

操作步骤 *Method*

1. 淡奶油中加入蜂蜜和糖粉，搅打至硬性发泡；
2. 将打发好的奶油用抹刀在蛋糕体里外均匀涂抹一层；
3. 表面撒上一层干桂花；
4. 将剩余奶油装入裱花袋，配中号三齿花嘴；
5. 最后将蛋糕底部挤上一圈奶油花纹即可。

6寸圆形戚风

操作步骤
Method

配方与6寸中空戚风（第120页）一样，只是模具是圆形，操作过程与要点也完全一致。

基础装饰

裸蛋糕与杏仁片的周边装饰，都是适合新手的裱花操作。裸蛋糕只需要简单地将戚风蛋糕分片，再涂抹上奶油和水果装饰即可，不用裱花，不用抹平。而后一款芒果蛋糕的操作也相对简单，只需要将奶油基本涂抹平整，上部用曲奇挤花与芒果丁装饰，周圈撒上烤熟的杏仁片即可。这种装饰的好处是，曲奇花谁都会挤，是最基础的奶油挤花，另外用杏仁片装饰可以掩盖蛋糕周边的奶油，所以即使奶油表面抹得不是很平整也没有关系。

8寸原味戚风

原料
Ingredients

蛋黄糊

蛋黄5个

糖粉30克

香草精1小勺

牛奶85克

植物油40克

低筋面粉85克

玉米淀粉15克

蛋白糊

蛋白5个

糖粉60克

模具

8寸圆形活底蛋糕模1个

坨坨妈·烘焙新手入门

130

操作步骤 *Method*

1. 蛋黄、30克糖粉、香草精加入一大碗内;

2. 用手动打蛋器搅拌均匀;

3. 加入牛奶后拌匀;

4. 将低筋面粉与玉米淀粉混合后,筛入盆内;

5. 再次搅拌均匀;

6. 倒入植物油,再次搅拌均匀;

7. 另取一干净打蛋盆,倒入蛋白,先用低速搅打至粗泡;

8. 然后分3次加入糖粉搅打;

9. 直至最后搅打到可以拉出直立的蛋白尖,呈干性发泡状态(九分发);

10. 取1/3打发蛋白,加入蛋黄糊中;

11. 用橡皮刮刀以不规则方向切拌,或者从下往上翻拌;

12. 拌成均匀的面糊;

13. 然后将面糊全部倒入蛋白盆中;

14. 再次以同样手法翻拌均匀;

15. 倒入8寸活底圆形蛋糕模具中,用力蹾出面糊中的大气泡;

16. 烤箱预热,上下火150℃,中下层,烤60分钟,在第40分钟后将上层加插一层烤盘;出炉后第一时间倒扣在晾网上晾至完全冷却;

17. 最后脱模装盘即可。

黑森林蛋糕

原料
Ingredients

蛋糕坯
6寸圆形巧克力戚风蛋糕1
（制作方法见第125页）

糖浆
水100毫升
细砂糖70克
樱桃酒40毫升
（樱桃酒制作方法见第42页）
樱桃汁50毫升

奶油馅
卡仕达奶油酱100克
淡奶油200毫升
糖粉30克

内馅
酒渍樱桃100克
（制作方法见第42页）

装饰
铲花专用巧克力100克
巧克力装饰花片数片
酒渍樱桃适量

模具
6寸圆形蛋糕模1个

操作步骤 *Method*

1. 水100毫升、细砂糖70克、樱桃酒40毫升倒入奶锅中，大火煮沸后转小火收汁至浓稠即成糖浆；

2. 将糖浆中加入50毫升樱桃汁混合均匀后冷却备用；

3. 将巧克力戚风蛋糕坯用刀平切去表层；

4. 然后再将剩余的蛋糕体分切成等厚的3片；

5. 将每一片蛋糕坯表层涂上糖浆混合液，使液体浸透蛋糕；

6. 淡奶油加糖粉搅打至七分发；

7. 取一半打发奶油加入卡仕达奶油酱混合拌匀；

8. 取一片蛋糕坯置于转台中间，抹上一层奶油馅，中间嵌入适量酒渍樱桃；

9. 盖上第2片蛋糕坯；

10. 再抹上奶油馅，码上酒渍樱桃；

11. 放上第3片蛋糕坯；

12. 最后将剩余的一半打发奶油涂抹在蛋糕坯表层及周边，用抹刀抹平整；

13. 铲花专用巧克力用刨刀刨成碎屑；

14. 将巧克力碎屑均匀的撒在蛋糕表层及外壁，装饰上巧克力花片和酒渍樱桃；用双刀左右各一平铲起蛋糕坯底部，移入蛋糕盘即可。

操作要点

巧克力戚风蛋糕亦可用巧克力海绵蛋糕代替。

抹茶芒果戚风卷

戚风蛋糕变化款

上下火，220℃
中层，8~10 分钟

原料
Ingredients

蛋黄糊
蛋黄3个
糖粉35克
抹茶粉10克
牛奶40克
色拉油30克
低筋面粉50克

蛋白糊
蛋白3个
糖粉35克

装饰及内馅
淡奶油200毫升
糖粉30克
新鲜芒果丁100克
小薄荷叶适量

模具
24厘米×33厘米长方形
纯平烤盘1个

操作步骤 *Method*

1. 抹茶戚风蛋糕糊做法参考基础6寸戚风制作(第120页),唯一的区别是在筛入面粉的同时将抹茶粉混合筛入;

2. 烤盘垫锡纸,将蛋糕糊倒入烤盘,蹾平表面;

3. 烤箱预热,上下火220℃,中层,烤8~10分钟取出;

4. 稍冷却后将蛋糕坯取出,倒扣在铺好油纸的案板上;

5. 撕去锡纸;

6. 再将蛋糕坯翻过来,烤面朝上;

7. 用奶油抹刀在蛋糕坯上均匀地划上直线,注意浅划即可不要切深,更不要切断;

8. 将淡奶油加入30克糖粉打发后,取2/3打发奶油均匀的在蛋糕坯上抹上厚厚一层奶油,然后撒上切碎的新鲜芒果;

9. 将蛋糕卷横着卷起,注意尽量卷紧卷服帖;

10. 然后将油纸将蛋糕卷卷紧,收口朝下压住;

11. 两端折好用透明胶封口,送入冰箱冷藏30~60分钟;

12. 将冷藏好的蛋糕卷取出,用快刀切去两头;

13. 再将剩余的打发淡奶油装入裱花袋,配褶边花嘴,在蛋糕卷上横向均匀的挤上奶油褶边;

14. 最后装饰上小薄荷叶即可。

操作要点

1. 蛋糕卷的面糊在烤盘上铺开后很薄,所以需用高温快速烤熟,以最大限度保存蛋糕体中的水分,使蛋糕体保持柔软;不可低温长时间烘烤,这样烤出来的蛋糕坯比较干硬,卷起的时候容易开裂;

2. 卷蛋糕坯的时候一定要注意烤面朝上,这样卷起后才能保证绿色的蛋糕体成为表面;在烤面那一边划上直线是为了更好卷起,但如果不小心划得太深,蛋糕卷会在卷起时断裂,所以浅划即可;

3. 抹茶粉可用可可粉、水果粉等代替,或者用果泥、果酱等调节戚风蛋糕体的口味;芒果馅也可用红豆、果干等代替,也可纯抹奶油或者不抹奶油刷上薄糖浆等,操作原理和程序相同;表面奶油装饰各人喜好随意,不装饰,简单撒上糖粉也很好吃。

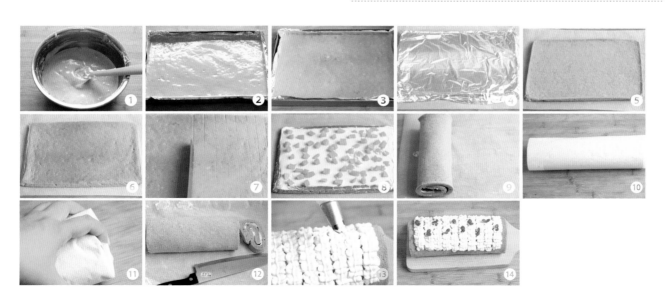

雪花杯子蛋糕

原料
Ingredients

可可杯子蛋糕

鸡蛋2个

糖粉50克

蜂蜜20克

黄油40克

低筋面粉100克

可可粉20克

小苏打1/4小勺

表面装饰

鲜奶油150毫升

雪花杯子蛋糕纸模
套装1盒

七彩糖珠适量

模具

6连铁质玛芬蛋糕模
1个

坨坨妈：烘焙新手入门

操作步骤 *Method*

1. 低筋面粉、可可粉、泡打粉混合过筛2遍备用；

2. 鸡蛋、糖粉、蜂蜜倒入打蛋盆中；

3. 将打蛋盆坐于热水中，用打蛋器高速打发至拉起打蛋头，蛋液可以呈柱状流下，纹路不会马上消失的状态即可；

4. 黄油微波30秒至溶化，加入蛋糊中再次搅打均匀；

5. 加入过筛的粉类；

6. 用橡皮刮刀翻拌均匀；

7. 装入裱花袋中备用；

8. 雪花杯子蛋糕纸模套装1盒；

9. 将纸杯底装入6连铁制玛芬模具中，再在杯中挤入可可面糊，七八分满，烤箱预热，180℃，上下火，中层，烤25分钟左右，取出晾凉备用；

10. 鲜奶油置于打蛋盆中，中速打发至硬性发泡（即出现清晰的纹路，打蛋头停止旋转，花纹也不会消失的状态）；

11. 将打发好的奶油装入裱花袋中，配中号六齿花嘴；

12. 在冷却后的蛋糕表面以旋转方式挤上一整面奶油，最后将雪花插片插入后将蛋糕取出，也可撒上适量七彩糖珠做装饰。

操作要点

1. 如果用雪花插片装饰，将竹签插入后提起花片即可轻松提起整个蛋糕体脱模；如果是用其他装饰，请先将蛋糕体取出后再裱上奶油，以免脱模过程中弄花奶油，影响造型美观；

2. 蛋糕体也可换成法式海绵蛋糕或者戚风蛋糕体，法式海绵蛋糕的制作请参考本书第142页，戚风蛋糕的制作请参考本书第120页。

古典巧克力蛋糕

原料
Ingredients

蛋黄2个
糖粉30克
黑巧克力80克
黄油70克
可可粉20克
牛奶5克
蛋白3个
糖粉60克
低筋面粉40克
小苏打1/8小勺

表面装饰
糖粉适量
鲜奶油50克
薄荷叶数片

模具
6寸活底圆模1个

上下火, 170℃
中层, 50分钟

操作步骤 *Method*

1. 黑巧克力掰成小块，与黄油一同置于碗中，隔水加热；

2. 用小勺边加热边搅拌，至完全溶化后，取出坐于冷水中，冷却至35℃左右；

3. 打蛋盆中加入2个蛋黄与30克糖粉；

4. 用打蛋器搅打均匀；

5. 将巧克力溶液倒入蛋黄盆中；

6. 再加入牛奶，用打蛋器搅打均匀；

7. 另取一盆将蛋白用打蛋器打至粗泡，分3次加入60克糖粉，打至七分发，即蛋白尚有流动感的状态；

8. 取1/3打发蛋白与巧克力糊混合，搅拌均匀；

9. 将可可粉、低筋面粉、小苏打混合过筛，筛入盆中；

10. 快速搅拌至没有干粉的状态；

11. 加入剩余的蛋白，用橡皮刮刀轻轻翻拌均匀；

12. 模具底部包好锡纸，将蛋糕糊倒入模具中，刮平表面，蹾出大气泡；

13. 放入预热好的烤箱，下层烤盘注水，上下火170℃，中层，烤50分钟左右即可。

14. 冷却后分切装盘，表面筛上糖粉做装饰，也可在糕体边上挤上鲜奶油、薄荷叶做装饰。

操作要点

1. 出炉时用小刀或牙签插入试一下，如果出现粘黏状很细小的颗粒即可出炉，因为这款蛋糕烤至八九成熟即可，不用完全烤熟；

2. 这款蛋糕是口感非常扎实的蛋糕，不要以戚风蛋糕或者海绵蛋糕的口感来决定它的成败；

3. 搭配打发奶油、酸奶油或者咖啡、红茶都是不错的。

反转菠萝蛋糕

原料
Ingredients

焦糖菠萝
菠萝 150 克
糖粉 30 克
黄油 40 克

蛋黄糊
蛋黄 4 个
糖粉 30 克
低筋面粉 55 克
黄油 30 克

蛋白糊
蛋白 4 个
糖粉 40 克

模具
大号中空天使模 1 个

坨坨妈：烘焙新手入门

140

操作步骤 *Method*

1. 菠萝切小片备用；

2. 黄油小火熔化后加入30克糖粉，小火边加热边搅拌，直至出现焦糖色；

3. 将煮好的糖汁倒入模具底部，将切好的菠萝一片片地摆放整齐，中间尽量不要留有空隙；

4. 蛋黄加30克糖粉搅打至微微发白；

5. 筛入低筋面粉；

6. 搅打均匀；

7. 将30克黄油微波溶化后倒入蛋黄糊中，搅打均匀；

8. 另取一盆，将蛋白倒入，低速打起粗泡后，分3次加入40克糖粉，高速搅打至硬性发泡；

9. 取1/3打发蛋白加入蛋黄糊中；

10. 快速以不规则方向拌匀；

11. 加入剩下的打发蛋白，以同样手法快速拌匀；

12. 将拌好的面糊倒入模具中，蹾平表面，震出大气泡；

13. 烤箱提前预热，上下火175℃，中层，25~30分钟；

14. 烤好后取出用小刀在周围划一圈，趁热倒扣脱模。

法式海绵蛋糕

上下火，170℃

中层，30分钟

原料
Ingredients

鸡蛋4个（约200克）
糖粉110克
黄油20克
低筋面粉110克

模具
20厘米×20厘米正方
形烤盘1个

坨坨妈：烘焙新手入门

操作步骤 *Method*

1. 烤盘内壁刷油，将油纸裁剪成和烤盘相同大小，贴于烤盘内壁；

2. 低筋面粉过筛；

3. 置于碗中备用；

4. 黄油隔水加热熔化，或者微波高火30秒至熔化；

5. 鸡蛋4个打入干净的打蛋盆中；

6. 先用打蛋器低速搅打至粗泡；

7. 然后一次性加入所有的糖粉；

8. 再改高速搅打至充分糊化；

9. 蛋糊要打发至提起打蛋头，蛋液呈带状流下，并且堆积的蛋糊纹路不会马上消失，这种状态就是打好的；

10. 加入溶化黄油，搅打5秒后停机；

11. 加入过筛的低筋面粉；

12. 用橡皮刮刀以从下至上翻拌的方式拌匀面糊，如果有不容易拌开的颗粒，可将面糊铲起，用橡皮刮刀在盆壁上轻敲，以震开干的粉团，再翻拌均匀就好；

13. 翻拌至完全无干粉、光滑均匀的面糊；

14. 倒入蛋糕模具中；

15. 烤箱提前预热，170℃，上下火，中层，烤30分钟左右；

16. 烤至表面带焦色即可，为防上色过深可在中途加盖锡纸，出炉后提起油纸边缘脱模，冷却切块食用。

Part 3 蛋糕类 没有想的那么难

143

长崎蛋糕

原料
Ingredients

赤砂糖30克
冷水1小勺
开水1小勺
牛奶30毫升
色拉油30毫升
日本料酒6克
鸡蛋5个
糖粉80克
盐1/8小勺
蜂蜜30克
香草精3滴
高筋面粉110克

模具
20厘米×20厘米正
方形烤盘1个

操作步骤 *Method*

1. 赤砂糖置于盆中；

2. 加入1小勺冷水，小火加热至焦色时，关火；

3. 迅速加入1小勺开水，搅拌均匀后，冷却备用；

4. 将焦糖液倒入已经铺好油纸的方形模具中，放至冰箱冷藏至凝固，备用；

5. 牛奶、色拉油、日本料酒倒入小碗中，隔60℃左右热水，边加热边搅拌，至碗内液体温度至37℃时关火，隔热水保温备用；

6. 取一大盆，打入鸡蛋，倒入糖粉、盐；

7. 用打蛋器低速打至起泡；

8. 加入蜂蜜和香草精；

9. 再将打蛋盆坐于60℃左右热水中，改用高速打发，打发至舀起面糊时可以呈柱状流下，痕迹不会马上消失的状态；

10. 倒入过筛的高筋面粉；

11. 用橡皮刮刀从下往上翻拌均匀；

12. 将牛奶、色拉油与日本料酒的混合液倒入盆中，再次混合均匀；

13. 将面糊倒入模具中，蹾出大气泡；

14. 放入预热好的烤箱，上下火160℃，中下层，30分钟，中途表面上色后要加盖锡纸或者将烤盘倒扣反插在烤箱上层，以防上色过深；

15. 将冷却后的蛋糕取出，翻面，撕去烤纸；

16. 再翻过来，正面朝上，用蛋糕刀切去四边，然后分切成小块即可。

操作要点

　　此配方中的面粉为高筋面粉，不是一般蛋糕所用的低筋面粉，注意不要弄混！

椰香小海绵

（法式海绵变化款）

上下火，180℃

中层，20~25 分钟

操作步骤

Method

造型变化——将法式海绵蛋糕的蛋糊（第142页）挤入小纸质模具中，表面撒上少量椰蓉，上下火180℃，中层，烤20~25分钟即可。

坨坨妈·烘焙新手入门

蓝莓慕斯

原料 *Ingredients*

淡奶油200克
糖粉20克
蓝莓果酱70克
新鲜蓝莓28颗
吉利丁粉10克
冷水30克

模具
塑料慕斯杯4个

表面装饰
小薄荷叶数片
插牌1个

操作步骤 *Method*

1. 淡奶油加糖打至五分发，即刚刚出现纹路，但很快会消失的状态；

2. 加入蓝莓果酱；

3. 搅打均匀，此时淡奶油为六分发状态，即出现纹路不会马上消失；

4. 吉利丁粉加入冷水中充分浸泡，然后微波炉30秒至透明，冷却至28℃以下，加入奶油盆中；

5. 用刮刀拌匀；

6. 将慕斯糊装入透明慕斯杯中，此分量可装4杯，然后送入冰箱冷藏2小时后取出，表面装饰上蓝莓果粒、小薄荷叶以及插牌即可。

咖啡慕斯

原料
Ingredients

消化饼干60克
黄油40克
淡奶油250克
糖粉40克
纯咖啡粉（速溶）20克
水20克（泡咖啡粉用）
吉列丁粉8克
水30克（泡吉列丁粉用）

表面装饰
杏仁片适量
打发奶油适量
可可粉少许

提前准备
溶化咖啡冷却、溶化吉
利丁粉冷却

模具
13厘米×13厘米正方形
慕斯框1个

操作步骤 *Method*

1. 消化饼干碾碎，置于大碗中，加入溶化后的黄油，用小勺拌匀；

2. 将慕斯框放在烤盘上，周边包锡纸或者保鲜膜，将黄油饼干倒入模具中，用勺背压平压紧，注意四边一定要压紧实，接口处要没有缝隙，然后连同烤盘一起放入冰箱冷藏备用；

3. 淡奶油加入糖粉打发至出现清晰纹路不消失的状态，舀出少许放入冰箱密封冷藏作表面装饰用；

4. 咖啡粉加20克水溶化冷却；

5. 倒入奶油盆中搅打均匀；

6. 吉列丁粉加入30克水浸泡至充分涨发，微波炉高火30秒至液体呈透明状，晾凉冷却后加入奶油盆中搅打均匀；

7. 将冰箱内的模具取出，将咖啡慕斯糊倒入模具内，蹾平，并用刮板刮平表面，放入冰箱冷藏4小时；

8. 最后将凝固好的慕斯取出脱模，将慕斯分切成四等份，再将事先留出的打发奶油装入裱花袋，配圆口花嘴，在慕斯表面挤上打发奶油，装饰上杏仁片，撒上少许可可粉即可。

操作要点

切慕斯蛋糕，要用长口刀，刀沿在火上稍稍烤热后，果断一刀直切下去；注意不要前后拖动，每切一刀都要用布擦干净刀上的奶油，重新烤刀沿再切，这样才能切出光滑如镜的切面。

焦糖巴巴露

原料
Ingredients

饼底
奥利奥饼干30克
黄油10克

巴巴露
白砂糖70克
水2小勺
牛奶70克
淡奶油20克
蛋黄1个
吉利丁粉8克
淡奶油135克

装饰
可可粉少许
巧克力装饰片数片

模具
小号慕斯圈4个

操作步骤 *Method*

1. 奥利奥饼干刮去中间的奶油；

2. 装入保鲜膜，用擀面杖碾碎；

3. 将饼干碎置于碗中，加入溶化黄油，拌匀；

4. 小慕斯圈用锡纸包好底座，取适量黄油饼干用勺把压平，送入冰箱冷藏备用；

5. 白砂糖与水小火加热至焦糖色，注意边加热要边不停搅拌，不要关火；

6. 牛奶与淡奶油混合均匀，加热至70℃左右，迅速将牛奶溶液倒入焦糖中，关火，搅拌均匀；

7. 冷却至不烫手时（40~45℃），加入打散的淡黄；

8. 搅拌均匀；

9. 吉列丁粉于冷水中浸泡后微波30秒至透明，倒入盆中，搅拌均匀；

10. 将盆坐于冰水中冷却至常温，即28℃左右；

11. 将135克淡奶油打发后，分2~3加入盆中，不规则手法拌匀；

12. 倒入模具中，放入冰箱冷藏2小时以上；

13. 至巴巴露完全凝固时，取出，去除锡纸，装入盘中，用吹风机稍稍吹一下周边，然后提起，即可轻松脱模；

14. 最后将表面撒上少许可可粉，插上巧克力装饰片。

操作要点

1. 模具铺纸是为了方便脱模，如果用活底圆模记得整个底部都要包上锡纸，以防进水；

2. 为了成品更美观，可将表面刷上一层镜面果膏；镜面果膏有一定的遮盖功效，蛋糕表面如果有细小的干裂纹而没有大开裂时，刷一层镜面果膏，待冷却后基本就看不到了，还可以增加蛋糕表层的光泽度和口感；所以如果有的话还是建议刷一刷，实在没有也可以用蜂蜜、糖浆或者稀释后的果酱代替。

芝士蛋糕

轻乳酪蛋糕

★ ★
上下火，150℃
中层，60 分钟
★ ★

原料
Ingredients

奶油奶酪125克
牛奶170克
鸡蛋3个
糖粉80克
低筋面粉15克
玉米淀粉15克

模具
6寸圆形固定蛋糕模1个

表面装饰
镜面果膏适量

坨坨妈·烘焙新手入门

操作步骤 *Method*

1. 将奶锅中加入牛奶，然后将奶油奶酪切碎加入锅中；

2. 奶锅隔水加热，或者直火小火加热均可，一边加热一边用打蛋器搅拌，直至成为光滑无颗粒的奶糊，离火晾至温度在80℃以下；

3. 另取一大碗，加入3个蛋黄、20克糖粉；

4. 用打蛋器搅打均匀；

5. 将1/3奶酪糊倒入蛋黄碗中；

6. 用打蛋器搅拌均匀；

7. 将剩下的2/3奶酪糊中筛入玉米淀粉和低筋面粉；

8. 用打蛋器搅拌均匀；

9. 最后将2种糊混合在一起，搅拌均匀；

10. 另取一干净打蛋盆，加入3个蛋白和60克糖粉；

11. 用打蛋器搅打至湿性发泡；

12. 即打蛋头旋转过后刚刚出现纹路，提起打蛋头蛋白呈半液态下垂的状态；

13. 取一半打发蛋白加入面糊中；

14. 轻轻搅拌均匀；

15. 然后再加入另一半打发蛋白，用橡皮刮刀以不规则方向翻拌均匀即可；

16. 6寸圆形固定蛋糕模底部和周圈垫油纸；

17. 将面糊倒入模具中，放入装满冷水的烤盘；

18. 烤箱预热，上下火150℃，中层，烤60分钟，上色后加盖锡纸；

19. 取出晾至稍凉即可脱模；

20. 最后刷上一层镜面果膏即可（没有也可以不刷）。

菠萝芝士蛋糕

上下火，170℃
中层，60 分钟

原料
Ingredients

奶油奶酪 150 克
细砂糖 30 克
鸡蛋 1 个
原味酸奶 50 克
朗姆酒 1 大勺
杏仁粉 30 克
玉米淀粉 10 克

表面装饰
菠萝果肉 150 克
蓝莓 40 克
镜面果膏适量

操作步骤 *Method*

1. 奶油奶酪室温软化后掰成小块置于一大碗中，加入细砂糖，搅打均匀；

2. 鸡蛋打散，分次将蛋液加入奶酪糊中；

3. 搅打成光滑均匀的糊状；

4. 加入原味酸奶再次搅打均匀；

5. 加入1大勺朗姆酒搅拌均匀；

6. 杏仁粉与玉米淀粉混合筛入糊中；

7. 再次搅拌均匀；

8. 将面糊倒入椭圆烤碗中，蹾平表面；

9. 菠萝去皮切成1厘米厚的片；

10. 用最大号花嘴切去中间的硬芯；

11. 每片分切成四等份；

12. 将菠萝片整齐地插入面糊中，并摆上适量蓝莓作点缀；

13. 烤箱预热，170℃，上下火，放入烤箱中层，烤60分钟左右，至边缘稍显焦色即可；

14. 最后将烤好的蛋糕取出，表面刷上一层镜面果膏即可。

操作要点

1. 因为不用担心表面开裂，所以这里也不用水浴法，直接放入烤箱烘烤即可；

2. 表面的菠萝和蓝莓，你也可以换成任何喜欢的水果；

3. 这款蛋糕烤完后表面的水果会很干，所以要刷一层镜面果膏用作装饰和保湿，如果没有，可用蜂蜜或者糖浆来代替。

奥利奥芝士蛋糕

原料
Ingredients

奥利奥饼干1袋
黄油20克
奶油奶酪250克
糖粉80克
淡奶油120克
低筋面粉15克
鸡蛋1个

模具

13厘米×13厘米正方形
慕斯框1个

坨坨妈：烘焙新手入门

156

操作步骤 *Method*

1. 将慕斯框底部包锡纸置于平盘中备用；

2. 奥利奥饼干刮去中间奶油；

3. 取2/3奥利奥饼干装入保鲜袋中，用擀面杖碾压成均匀的粉末；

4. 取2/3饼干碎倒入20克溶化黄油，搅拌均匀；

5. 将混合后的饼干碎倒入模具中，均匀铺底用勺背压平压紧，送入冰箱冷藏备用；

6. 奶油奶酪置于打蛋盆中，室温软化后碾碎，加入糖粉；

7. 隔90~100℃热水低速搅打至顺滑无颗粒的状态；

8. 取出冷却，加入淡奶油再次搅打均匀；

9. 筛入低筋面粉；

10. 倒入打散的鸡蛋；

11. 再次搅打均匀成芝士蛋糕糊；

12. 将1/2蛋糕糊倒入模具中；

13. 将预留未碾碎的1/3奥利奥饼干掰成小块平铺一面；

14. 倒入剩余的另一半蛋糕糊；

15. 再将另1/3预留的饼干粉末均匀的撒在表面，烤箱预热，上下火180℃，中层，烤40~45分钟，10分钟后加盖锡纸，以免表面过干开裂；

16. 脱模时先撕去锡纸，用小刀沿模具内壁划一圈，再往下按压即可脱模。

 操作要点

　　烤好的蛋糕可直接热吃，冷藏过后口感更佳；此外，冷却后脱模更易操作，趁热脱模如果蛋糕未全熟容易散碎。

花花妈 烘焙新手入门

大理石芝士蛋糕

上下火，180℃
中层，40~45分钟

原料
Ingredients

芝士蛋糕
奶油奶酪200克
细砂糖60克
牛奶100克
玉米淀粉15克
蛋黄2个
蛋白30克
可可粉5克
香草精适量

饼底
奥利奥饼干60克
黄油15克

表面装饰
镜面果膏适量

模具
6寸圆形模具1个

操作步骤 *Method*

1. 奥利奥饼干刮去中间奶油，碾碎后倒入溶化黄油中，用小勺拌匀；

2. 将拌好的饼干倒入蛋糕模具中，用擀面杖压平压紧，然后送入冰箱冷藏备用；

3. 将奶油奶酪放置在室温下软化后，加入细砂糖；

4. 隔热水一边小火加热，一边用拌刀碾压混合均匀；

5. 加入牛奶，搅拌至顺滑，再筛入玉米淀粉搅拌均匀；

6. 将蛋白、蛋黄混合打散后加入，用手动打蛋器搅拌均匀；

7. 加入香草精再次拌匀；

8. 取一个小碗，舀约30克奶酪糊，加入可可粉；

9. 搅拌均匀成可可糊；

10. 蛋糕模底部包锡纸，用橡皮刮刀将奶酪糊刮入模内；

11. 再将可可糊用小勺均匀地、一点一点地舀在表面；

12. 用牙签在可可糊上画出花纹；

13. 烤箱预热，上下火180℃，中层，水浴法（烤盘中加入热水）烤40~45分钟；

14. 取出晾凉冷却，表面刷上一层镜面果膏。

📝 操作要点

1. 可可粉也可以用抹茶粉代替；

2. 蛋糕冷却后用刀沿壁刮一圈即可轻松脱模；

3. 此款蛋糕冷藏后口味最佳。

柠檬酸奶冻芝士

原料
Ingredients

饼底
黄油30克
消化饼干60克

冻芝士
柠檬1个
奶油奶酪250克
淡奶油80克
糖粉50克
原味酸奶50克
吉利丁粉4克
水60毫升

表面装饰
镜面果膏40克
柠檬色素精油2~3滴

模具
4寸圆形活底蛋糕模具2个

操作步骤 *Method*

1. 黄油装入碗中，微波炉高火30秒至完全溶化；

2. 消化饼干碾碎后加入黄油中拌匀；

3. 将饼底材料分成2份，装入蛋糕模具中，用勺背或者擀面杖压平压结实，送入冰箱冷藏备用；

4. 取一大盆，加入室温软化后的奶油奶酪；

5. 再挤入一整个柠檬的柠檬汁；

6. 加入原味酸奶，用搅拌器低速搅打至顺滑无颗粒；

7. 吉利丁粉加入水中，搅拌均匀至无干粉，然后微波高火30秒至溶液透明，冷却后缓缓加入奶酪糊中，一边加一边用打蛋器搅打均匀；

8. 另取一盆，倒入淡奶油和糖粉；

9. 用打蛋器高速打至六分发，即软性发泡的糊状即可；

10. 将打发后的淡奶油倒入奶酪糊中，再次搅打均匀；

11. 转入蛋糕模具中，九分满，蹾平表面，送入冰箱冷藏2小时以上；

12. 镜面果膏中加入几滴柠檬色素精油；

13. 用小勺搅拌均匀；

14. 最后将冷藏好的冻芝士取出，将柠檬果膏倒入模具中，用刮板刮平表面，送入冰箱冷冻10分钟后取出脱模即可。

📝 操作要点

1. 如果没有4寸活底蛋糕模，这个分量可以做1个6寸活底蛋糕模；

2. 淡奶油冷藏后方可打发，常温是无法打发的；

3. 没有镜面果膏的，也可以用比较浓的吉利丁溶液代替，但切记要等完全冷却后才能倒在蛋糕表面，否则热的溶液会与蛋糕体融合，无法做出清晰的分层。

提拉米苏

　　1.加热蛋黄糊是因为生蛋黄不能直接倒入奶酪糊中混合食用，而蛋黄糊也不能直火加热，否则就煮成蛋花糊了，所以只能隔水加热，一边加热一边搅拌也是为了防止蛋黄凝固结块；

　　2.加热后的蛋黄糊和吉利丁溶液都要冷却后才能加入奶酪糊中，温度过高会使奶酪糊液化；

　　3.手指饼干的做法请参考本书第80页；

　　4.如果没有成品咖啡酒，可用40毫升意大利浓缩咖啡兑入10毫升白兰地或者朗姆酒来代替。

原料
Ingredients

马斯卡彭芝士375克

淡奶油225克

蛋黄3个

糖粉110克

吉利丁粉10克

水50毫升

手指饼干8块

咖啡酒50毫升

表面装饰

可可粉适量

白巧克力25克

双色棍子饼干1根

模具

13厘米×13厘米正方
慕斯框1个

操作步骤 *Method*

1. 马斯卡彭芝士用打蛋器搅打至顺滑;

2. 蛋黄3个,加入70克糖粉;

3. 锅中装水,加热至水温80℃左右,改小火,将打蛋盆坐入热水中,边加热边用打蛋器搅打;

4. 搅打至糖完全溶化,蛋黄与糖均匀糊化比较浓稠的状态,将热的蛋黄糊坐于冰水中,使其迅速降温,不时搅拌一下,可加速蛋黄糊的冷却;

5. 将蛋黄糊倒入马斯卡彭糊中;用打蛋器搅拌均匀;

6. 吉利丁粉加入50克水搅拌均匀、充分浸泡,然后微波30秒至颜色透明,冷却后倒入马斯卡彭蛋糊中,再次搅拌均匀;

7. 另取一空盆,倒入淡奶油和40克糖粉;

8. 用打蛋器高速打发至软性发泡(即刚刚出现纹路,打蛋头停止旋转后花纹会迅速消失的状态);

9. 将打发后的奶油倒入奶酪蛋糊中;

10. 用橡皮刮刀翻拌均匀;

11. 手指饼干正反两面刷上咖啡酒;

12. 慕斯框包锡纸,下垫平盘,将刷过酒的手指饼干整齐地码放在底部;

13. 倒入一层奶酪糊,用刮板刮平表面;

14. 再摆上一层刷过酒的手指饼干;

15. 再倒入一层奶酪糊,再用刮板刮平表面,至与慕斯框齐平;

16. 将剩余的奶酪糊装入裱花袋配小号圆形花嘴;

17. 在慕斯框的表面均匀地挤上一层水滴形状的花纹,连底盘整体送入冰箱冷藏4小时;

18. 白巧克力切碎隔50℃温水溶化;

19. 倒入小菊花挞模中约0.5厘米厚的一层;

20. 待到半凝固时再用花形饼干压模按下去,整体送入冰箱冷藏;

21. 将冷藏至凝固的提拉米苏取出,表面均匀筛上一层可可粉;

22. 用热毛巾包裹模具周边几分钟,提起慕斯框脱模;

23. 最后再将冷藏的巧克力取出轻磕脱模即成装饰花片,最后将表面插上花片和切成两段的双色棍子饼干即可。

草莓夏洛特

原料
Ingredients

手指饼底及围边
蛋黄 4 个
细砂糖 25 克
蛋白 4 个
细砂糖 35 克
低筋面粉 120 克
糖粉 20 克

卡士达奶油馅
卡仕达酱 300 克
吉利丁粉 8 克
水 30 克
淡奶油 300 克
细砂糖 60 克

表面装饰
草莓 300 克
蓝莓 100 克
薄荷叶数片
糖粉适量
丝带 1 条

模具
8 寸圆形慕斯框 1 个

操作步骤 *Method*

手指饼底及围边

1. 手指饼干面糊制作方法参考本书第80页；
2. 将面糊装入裱花袋；
3. 烤箱预热，上下火180℃，烤盘垫锡纸，将面糊先挤出一个比慕斯圈略小一圈的圆饼；
4. 中层，烤10分钟左右即可；
5. 将剩下的面糊在烤盘中挤出2条与慕斯圈差不多高，约6厘米的等排面糊；
6. 将围边同样用上下火180℃中层烤10分钟左右取出即可。

卡仕达奶油馅

7. 吉利丁粉8克加入30克水搅匀，微波30秒加热至透明，冷却后倒入卡仕达酱中；
8. 转入大盆中搅拌均匀；
9. 300克淡奶油加入60克细砂糖，高速搅打至七分发；
10. 取三分之一打发奶油加入卡仕达酱糊中；
11. 以不规则方向翻拌均匀；
12. 然后加入剩下的打发奶油，再次翻拌均匀即成卡仕达奶油馅；

草莓夏洛特

13. 取一大盘垫底，将慕斯圈底部包锡纸，将饼底置于慕斯圈底部；
14. 再将2排手指饼在内壁围上一圈；
15. 将草莓洗净对剖；在模具内倒入一层慕斯糊抹平，整齐的码一层草莓；
16. 再倒一层慕斯糊再抹平；
17. 将草莓与蓝莓码放成绽放状花纹，送入冰箱冷藏6小时；
18. 最后脱模系上丝带装饰，表面再插适量薄荷叶，筛上少许糖粉即完成。

Part 4

面包类
给新手来点挑战

面包制作基础知识

面包制作基础流程

混合搅拌——→发酵——→排气醒发——→分割/整形——→二次发酵——→烘烤——→脱模冷却

面团的搅拌

有人说正确的发酵影响了面包质量的90%，其实面团的搅拌与面团的发酵处于同等重要的地位，同时影响着面包的成败。搅拌，就是我们俗称的"揉面"，它的目的是形成面筋。

面筋形成过程以及它在面包制作中所起的作用

面筋是小麦蛋白质构成的致密、网状、充满弹性的结构。面粉加水以后，通过不断地搅拌，面粉中的蛋白质会渐渐形成面筋。搅拌得越久，面筋形成越多。面筋可以包裹住酵母发酵产生的气体，形成无数微小的气孔，经过烤焙以后，蛋白质凝固，形成坚固的组织，支撑起面包的结构。

所以，面筋的多少决定了面包的组织是否够细腻。面筋少，则组织粗糙，气孔大；面筋多，则组织细腻，气孔小。这也是为什么做面包要用高筋面粉的原因：只有蛋白质含量高，才能形成足够多的面筋。

要强调的是：只有小麦蛋白可以形成面筋（这是小麦蛋白的特性），其他任何蛋白质都没有这种性质。所以，只有小麦粉有可能做出松软的面包。其他如黑麦粉、燕麦粉、杂粮粉等，都无法形成面筋，它们必需与小麦粉混合以后，才可以做出面包。有些烘焙师会使用100%的黑麦粉制作面包，但这种面包质地十分密实，因为没有面筋的产生，无法形成细腻的组织。

搅拌的过程

不同的面包制作，面团需要揉到的程度不同。很多甜面包为了维持足够的松软，不需要太多的面筋，只需要揉到扩展阶段。而大部分吐司面包，则需要揉到完全阶段。

什么是扩展阶段和完全阶段？

通过不停地搅拌，面筋的强度逐渐增加，可以形成一层薄膜。取一小块面团，用手抻开，面团能够形成透光的薄膜，但是薄膜强度一般，用手捅破后，破口边缘呈不规则的形状，此时的面团为扩展阶段。

继续搅拌到面团能形成坚韧的很薄的薄膜，用手捅不易破裂，即使捅破后破口因为张力也会呈现光滑的圆圈形。这个时候的面团就达到了完全阶段。

关于什么样的面包需要揉到怎样的阶段，每个方子中都会有说明，根据方子进行操作即可。

如果用机械搅拌，则搅拌过度也是一个常见的情况。面团揉到完全阶段以后，果仍继续搅拌，面筋会断裂，面团变软变塌，失去弹性，最终会导致成品粗糙。因此应该尽量避免搅拌过度。

扩展阶段

完全阶段

制作面包面团的几种常用方法

★直接法

面团一次性搅拌完成后直接发酵，制作流程简单，发酵时间短，面团损耗小，可直接体现面包风味，但直接法面包相对老化比较快，面包组织和口感会稍硬一些。

★汤种法

在面粉中加入热水，面粉会因膨胀而变成糊状，这种面糊即为"汤种"。将配方中部分面粉与部分液体通过加热混合制成汤种，汤种与剩余材料混合搅拌再发酵，可适当延缓面包的老化，使面包组织更柔软。

★液种法

将配方中的部分面粉、水及酵母搅拌后进行充分发酵后制成液种面团，然后再加入剩余材料搅拌后再次发酵。液种发酵耗时较长，但可通过冷藏灵活控制发酵时间，液种面包的组织更细腻柔软，老化相对较慢。

★中种法

将配方中大部分的面粉和占面粉量约六成的水及全部酵母放在一起搅拌均匀即成中种面团，进行充分发酵后加入剩余材料，再次搅拌后整形发酵。中种面团需要两次称量和搅拌，制作过程较长。中种面包比直接法面包膨发更大，组织更柔软，老化相对较慢。

事实上无论直接、汤种、液种、中种面团，搅拌面团的方式基本都是一样的，只在操作过程中有细小的差异。

★直接法示意图

　　将所有材料混合搅拌至扩展或者完全阶段，这种一般适合植物油、液态油脂的面包制作。

★后油法示意图

　　大部分人习惯在面团搅拌至刚刚出筋后再加入黄油混合搅拌，这种方法称为后油法。后油法在直接、汤种、中种、液种等各种面包里都适用，使用后油法比直接投入所有材料搅拌，面团出筋更快。将除黄油外所有材料混合搅拌至基本成团，取一块面团，如果可以拉出比较厚的膜时，加入切碎的软化黄油，再次搅拌揉和至扩展或完全阶段即可。

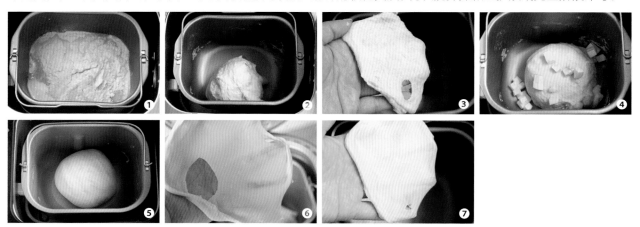

★中种法示意图

　　将配方中约九成的面粉和占面粉量约六成的水及全部酵母放在一起搅拌至基本面团即成中种面团，进行充分发酵后与剩余材料混合，再次搅拌后达到扩展或完全阶段即可。

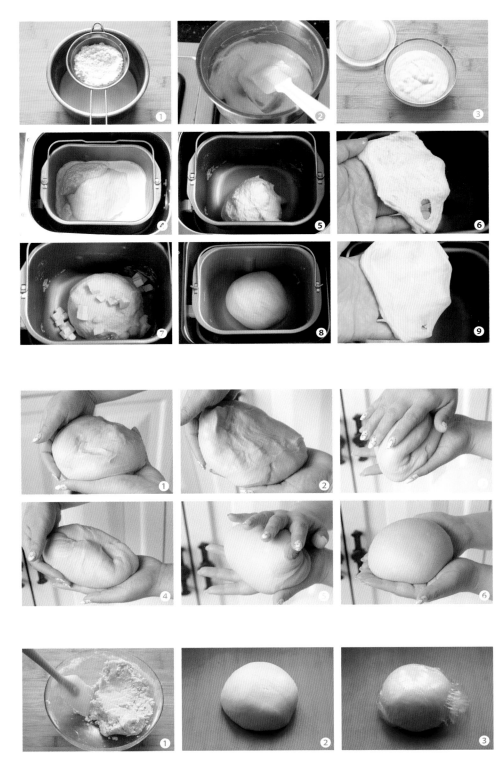

★汤种示意图

先将配方中的少量面粉与配方中的牛奶或水混合，加热搅拌至浓稠的糊状，冷却即成汤种，然后再和直接法一样的操作，加入汤种和除黄油外所有材料混合，搅拌至基本成团出筋，可以拉出厚膜的状态时，加入切碎的软化黄油，再次搅拌至扩展或完全阶段。

面团的滚圆

滚圆面团是面包制作中不可缺少的一步，滚圆的面团可以让面团发酵更均匀，并在发酵和烘烤后形成光滑的表面而非疙瘩不平。

★大面团的滚圆

将揉好的面团取出，利用手掌前后往内翻折，然后转90°，再次往内翻折，如面团表面仍不够光滑可将翻折的过程再重复1次，然后合拢手心往内收口，使面团形成表面光滑的圆形面团。

★小面团的滚圆

用和滚圆大面团相同的手法以两手手掌心往内合拢搓揉，反复多次使面团表面光滑。也可用将面团大致搓圆后置于硅胶垫上，然后用双手用力往下带，借助拉力将面团表层扯平，然后将面团置于硅胶垫上，收口朝下，用掌心力和硅胶垫的平面轻轻滚动揉压使面团表面光滑平整。

面团的发酵与相关操作

　　发酵是一个复杂的过程。简单地说，酵母分解面粉中的淀粉和糖分，产生二氧化碳气体和乙醇。二氧化碳气体被面筋所包裹，形成均匀细小的气孔，使面团膨胀起来。

　　发酵需要控制得恰到好处。发酵不足，面包体积会偏小，质地也会很粗糙，风味不足；发酵过度，面团会产生酸味，也会变得很黏不易操作。面团的发酵过程：第一次发酵、中间醒发与第二次发酵。

第一次发酵、中间醒发与第二次发酵

　　一般来说制作面包都建议进行二次发酵，除非时间条件不允许，在不得已的情况下，我们可以只进行一次发酵后烤焙，其他时候最好都能够完成二次发酵。因为一次发酵的面包，无论组织和风味都无法和二次发酵的面包相提并论。

　　长时间的发酵会增加面包的风味，因此有些配方中会使用到冷藏发酵——通过低温长时间发酵，得到别具口感的面包。但冷藏发酵有一个缺点，就是发酵时间不易控制，容易导致发酵过度或者发酵不足。现在这个缺点有了解决的办法，那就是将冷藏发酵与中种法结合，单纯的冷藏发酵方法则不再使用。

第一次发酵（烘焙术语中简称"一发"）

　　将揉和光滑的面团滚圆后收口朝下放入大盆中，包上保鲜膜送入烤箱或者发酵箱发酵，发酵的时间没有定式，因为发酵的时间和面团的糖油含量、发酵温度有关系。

　　一般来说，普通的面团，一发控制在28~30℃，大约只需要1个小时。如果温度过高或过低，则要相应缩短或延长发酵时间。普通面包的面团，一般能发酵到2~2.5倍大。检查面包是否发好，第一看是否发酵到足够大，没有发到2倍大的面团是绝对没有发酵到位的，应该延长发酵时间继续发酵直到达到2倍大的状态。

　　第二是发酵到2倍大或者更大时要检查一下是否发过了。用手指粘面粉，在面团上戳一个洞，洞口不会回缩就是正常状态，如果洞口周围的面团塌陷，则表示发酵过度。

面团的排气

　　第一次发酵完成后，面团膨胀得很大，面团组织中充满了气体，如果要第二次发酵，我们就需要给面团排气。

　　将发酵后的面团取出置于砧板或者料理台上，用手按压拍打面团表面。先排出面团里的大气泡，当面团基本按压成饼形后，再用擀面杖擀平面团，擀出面团中的小气泡。尤其注意面皮边缘的小气泡一定要充分碾压擀破。

　　只有充分排气的面团，才能在二次发酵后拥有均匀的组织和光滑的表面。如果排气不充分或者不均匀，就会在烘烤过后涨发不均匀，形成左右不对称或者表面有气泡等现象，影响成品美观。

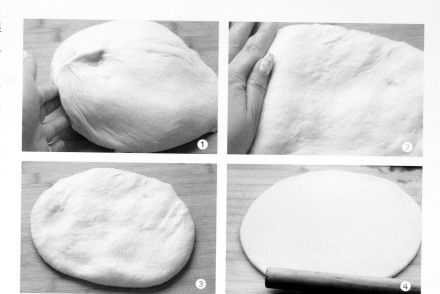

面团的分割与中间醒发

　　第一次发酵完成后，面团整体排气，然后就需要根据面包的制作要求，分割成需要的大小，揉成光滑的小圆球状，进行中间发酵。

　　中间发酵，又叫醒发。这一步的目的是为了接下来的整形。如果不经过醒发，面团会非常难以抻展，给面团的整形带来麻烦。

　　中间发酵在室温下进行即可。一般需要盖上保鲜膜或者湿布保持面团湿度，以免长时间暴露在空气中使表面干硬结皮，中间发酵时间为15分钟。

面团的整形

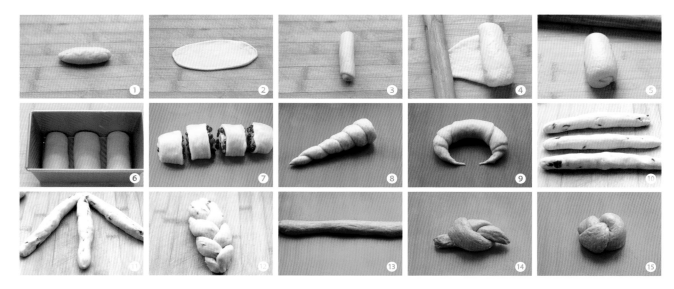

中间发酵完成后，我们可以把面团整形成需要的形状。这也是非常重要的一步，直接决定了你做出来的面包是不是够漂亮。每款面包的整形方法都不相同，可以根据方子来操作。要注意的是，整形时候一定注意将面团中所有气体排出，只要有气体残留在面团中，最后烤出来就会变成大的空洞。

第二次发酵（烘焙术语中简称"二发"，也称"最后发酵"）

二发一般要求在38℃左右的温度下进行，一般发酵时间在40分钟左右，发酵到面团变成2倍大即可。为了保持面团表皮不失水，同时要具有85%以上的湿度。

如何保持这个温度和湿度条件，专门的发酵箱带有加湿功能，但很多家庭制作并未配备发酵箱，所以可将面团在烤盘上排好后，放入烤箱，在烤箱底部放一盘开水，关上烤箱门。水蒸气会在烤箱这个密闭的空间营造出需要的温度与湿度。

使用这个方法的时候，需要注意的是，当开水逐渐冷却后，如果发酵没有完成，需要及时更换热水。

另外要注意的是，并不是所有面包的二发都需要加湿，也有很多品种的配方会特别注明了二发不需要加湿，这就根据配方来制作即可。

表面刷液

第二次发酵完成的面包坯即可送入烤箱烘烤，烘烤之前，为了让烤出来的面包具有漂亮的色泽，我们需要在面包表面刷上一些液体。比如水、牛奶、全蛋液、蛋水液或者蛋黄液。根据不同的刷液，出来的效果也不相同。比如水主要用来刷硬皮面包的表面；而全蛋液则适合大部分甜面包。具体的刷液，在各种不同的配方中会给出。

入炉烘烤

将最后发酵好的面团入炉烘烤的时候，千万要注意别用力触碰面团。这个时候的面团非常的柔软娇贵，轻微的力度也许就会在面团表面留下难看的痕迹，要加倍小心。

烤焙的时候，根据方子给出的温度与时间即可，但各家配方给出的温度和时间可能与你的烤箱实际温度并不适合，所以烘烤时要时刻注意观察，感觉温度过高时（上色过快，表面焦糊）需要调低温度，感觉温度过低时（膨发不够、上色不足）要相应调高温度，而有些时候面团表面已经上色而烘焙时间未到，面团并未足够膨发与硬化时，就需要用在面包表面加盖锡纸，或者在上层加插烤盘等方法来调节。

冷却与脱模

一般使用烤盘烘焙的小面包只需从锡纸上取下即可；而使用模具烘焙的面包如吐司类的，就要注意小心脱模；带模具烘焙的面包连模具从烤箱中取出，晾至稍凉时用脱模刀沿模具周边划一圈再扣出即可。

这里注意不要刚出炉时操作（会烫手，同时刚取出时面包体和模具粘连非常紧、不易脱落），也不要完全冷却后脱模（面包中的气体与水分不能及时充分散热排出，会造成水分存留在面包体中，影响面包的口感以及让面包体组织变软塌陷），所以冷却至稍凉最好。因热胀冷缩原理，室温比烤箱温度低，面包体置于室温一小段时间后会少量的收缩，使面包体表面与模具之间缩出小小的空隙，这时再用脱模刀轻划一圈既可轻松脱模，又可最大限度地保持表面完整。

刚出炉的面包非常松软，吐司类的面包为了保持外观完整不塌陷，最好将面包侧放在架空了的晾网上冷却，以保证上下都有足够的空间散热。

面包的保存方法

刚出炉的面包非常松软，可在烤好的面包表面刷上适量蜂蜜或者糖浆，用以锁住面包体中的水分保持湿润，同时也可增加表面光泽让成品更美观。

烤好的面包完全冷却后，用保鲜袋密封后室温储藏即可。如果不密封，面包很快就会因为水分流失而变得又干又硬。如果你想保留较长时间，可以密封后放入冰箱冷冻室，想吃的时候，拿出来回炉烤一下即可恢复松软。但是注意千万不要放入冷藏室！冷藏室的温度会使面包中的淀粉加速老化，极大缩短面包的保存期。

红豆沙小餐包 （6个）

1. 搓红豆沙馅时掌心抹油，是为了防止馅料粘在手心不易操作；
2. 红豆沙馅可买市售成品，一般超市均有售，如想自己制作请参考本书第40页；
3. 包馅的手法和包包子类似，只是注意一定要将收口捏紧实并用手心滚紧滚圆，要将收口那一面朝下放在烤盘中，这样才能避免二发和烘烤后外皮绽开，内馅露出；
4. 烤盘若非纯平不粘，注意要加铺锡纸或烤纸。

上火，180℃
下火，160℃
中层，15~20分钟

原料
Ingredients

面包面团
高筋面粉 150克
低筋面粉 15克
细砂糖 20克
盐 1/8 小勺
干酵母粉 2克
牛奶 100克
全蛋液 20克
黄油 10克

面包内馅
红豆沙馅 180克

表面装饰
全蛋液适量
黑芝麻少许

操作步骤 *Method*

1. 用后油法将所有材料揉和至扩展阶段，一发至2倍大；

2. 取出排气，分割成六等份，逐一滚圆，盖上保鲜膜中间发酵10~15分钟；

3. 掌心抹少量色拉油，取约30克红豆沙馅搓成圆球状；

4. 将1小份面团擀开成圆形面片，将红豆沙馅置于中间；

5. 周边捏起收口捏紧；

6. 将面团在手心滚圆，收口朝下整齐地码放在烤盘中，注意中间留出适当空隙；

7. 二发至2倍大，表面刷上适量全蛋液，再将擀面杖的一头粘湿，粘上黑芝麻按在面团中间；

8. 烤盘预热，上火180℃，下火160℃，中层，烤15~20分钟至表面上色即可；如果烤箱火力偏大，10分钟以内表面已上色，可加盖锡纸再烤。

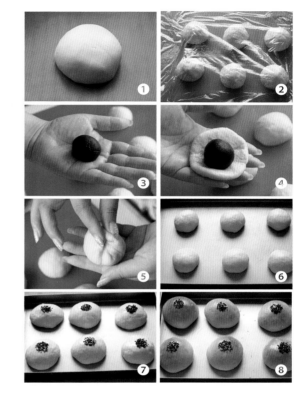

酥格豆沙包
(一个)

1. 相同原料还可这样整形，面团分四份，每份包入40克红豆沙馅，从右到左捏起收口捏紧，呈橄榄形；

2. 将面团收口朝下整齐地码放在烤盘中，注意中间留出适当空隙；

3. 千层酥皮擀开成长方形面片，用拉网刀从上至下滚动，切出花纹；

4. 再将面皮分切成4份；

5. 将切好的酥皮稍稍拉开，包覆在面包面团上，注意两头收边压在面团下方，如有多余过长面皮请切断；

6. 二发至2倍大，表面刷上适量全蛋液，送入烤箱即可，温度与红豆沙小餐包相同。

墨西哥面包 （5个）

原料
Ingredients

墨西哥糊
黄油30克
糖粉40克
全蛋液25克
低筋面粉30克

面团原料
A（汤种材料）：高筋面粉15克
开水15克
B：高筋面粉150克
细砂糖20克
盐1/8小勺
干酵母粉2克
全蛋液20克
牛奶80克
黄油15克
C：蜜红豆适量

★ ★ ★
上下火，180℃
中层，15分钟
★ ★ ★

操作步骤 *Method*

墨西哥糊做法

1. 黄油室温软化，加入糖粉。
2. 用打蛋器搅拌均匀。
3. 分次加入蛋液，搅拌均匀。
4. 将低筋面粉筛入黄油糊中。
5. 搅打至面糊有光泽。
6. 将面糊装入裱花袋待用。

面包做法

1. 将原料A混合，搅拌成团，放凉备用；
2. 将原料A与B混合倒入面包机内；
3. 揉至扩展阶段；
4. 包上保鲜膜，送入烤箱或者发酵箱发酵至2倍大；
5. 面团排气，分成五等份，滚圆，盖上保鲜膜松弛10分钟；
6. 将面团按扁，包入适量蜜红豆；
7. 周边捏起，捏紧收口；
8. 将面团在手心滚圆后，收口朝下摆放在烤盘中，二发至2倍大；
9. 把墨西哥糊挤在二发好的面团上约1/3的面积；
10. 烤箱预热180℃，上下火，中层，烘烤15分钟左右即可。

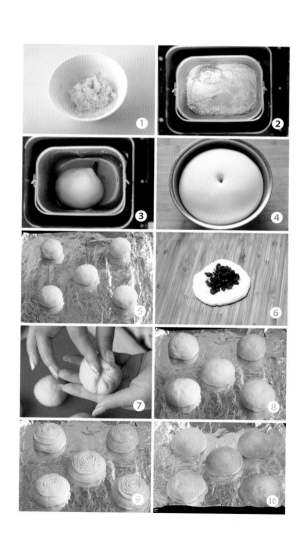

📝 操作要点

墨西哥糊挤在面包表面时，不用完全挤满一整面，只需挤顶部一圈即可，因为高温加热会使它熔化膨胀；如果挤得太多，反而会造成表面流下过多，影响美观。

坨坨妈：烘焙新手入门

操作要点

1. 整形时案板上要撒手粉，不然菠萝皮会粘在上面取不下来；

2. 菠萝皮不需要将整个面团完全包住，留出底部一小部分不包；

3. 如果对于手推法没有自信，可以用两层保鲜膜将菠萝酥皮夹在中间，用擀面杖擀成面包面团直径1.5倍大的圆形面皮，然后撕下表层保鲜膜，将面团放在酥皮上，掌心用力包裹住面团，然后反转，再撕下底层保鲜膜即可；

4. 这款面包的菠萝皮不需要菠萝印或者划开，可在烘焙中让其自然开裂；

5. 菠萝包的最后发酵所需的温度和湿底较低，所以二发时不需要加水，置于室温发酵即可，也不需要盖保鲜膜。

巧克力豆菠萝包（9个）

上下火，180℃

中层，20~25分钟

原料
Ingredients

菠萝酥皮

黄油40克

细砂糖40克

蛋液40克

低筋面粉100克

泡打粉1克

耐烤巧克力豆40克

面团原料

高筋面粉170克

低筋面粉40克

干酵母粉3克

细砂糖40克

盐2.5克

蛋液20克

水100克

黄油30克

操作步骤 *Method*

菠萝酥皮做法

1. 将黄油室温软化，加入细砂糖；

2. 搅打均匀至微微发白；

3. 分3次加入蛋液，每一次都要充分搅打均匀后再加下一次，搅打成均匀的蛋油糊；

4. 低筋面粉与泡打粉混合，筛入蛋油糊中；

5. 用橡皮刮刀翻拌均匀；

6. 最后加入耐烤巧克力豆拌匀即成菠萝酥皮原料，包上保鲜膜放入冰箱冷藏备用。

面包做法

1. 以后油法揉面，发酵至面团2倍大；

2. 将面团取出排气、滚圆，分割成九等份（42~45克1份），滚圆成小剂子；

3. 砧板抹扑粉，取27~30克菠萝皮材料，搓圆按扁；

4. 将面包面团置于菠萝皮上；

5. 先用手心中间握，将菠萝皮包在面团表面；

6. 再反转过来，一手将面团往上推，一手将菠萝皮往下推，将面团表面覆盖即可；

7. 将处理好的生胚排在烤盘中，室温发酵至1.5~2倍大；

8. 烤箱预热，上下火180℃，中层，烤20~25分钟即可。

香橙面包卷 （12个）

上下火, 180℃
中层, 25 分钟

原料
Ingredients

高筋面粉280克
低筋面粉40克
橙子1个
干酵母粉4克
细砂糖60克
盐1/8小勺
牛奶100克
全蛋液30克
橙汁（含果肉）100克
黄油30克

模具
25厘米×25厘米正方形
烤盘

坨坨妈……烘焙新手入门

操作步骤 *Method*

1. 中等大橙子1个，用刮板或者刨皮器磨出皮屑；

2. 只取表面橙色部分，不要刮到白色部分，会苦；

3. 然后切开橙子，用小刀取出中间果肉，切块注意要把白色部分去掉；

4. 将橙肉用料理机搅打成橙汁，含果肉，不用过滤；

5. 将原料中除黄油外所有材料倒入面包机中；

6. 以后油法揉面至扩展阶段；

7. 将面团发酵至2倍大后，取出排气，分割成十二等份，约50克1个的小剂子，逐一滚圆，盖上保鲜膜，松弛5~10分钟；

8. 取1个小剂子，擀开成椭圆形；

9. 自上往下分别卷起向内折；

10. 然后搓成锥形；

11. 将锥形竖放，擀成长长的三角形；

12. 自上往下卷成卷；

13. 将整形好的面团整齐的排入烤盘内，中间留出均等的空隙；

14. 送入温暖湿润处发酵至2倍大，二发结束后表面刷上适量蛋白液；

15. 烤箱预热，上下火180℃，中层，烤25分钟左右即可。

操作要点

1. 上色后加盖锡纸；

2. 出炉后立刻脱模，放在烤网上晾凉；

3. 模具若非不粘，入模前需在烤盘内刷油防粘。

操作步骤 *Method*

1. 以后油法揉面至扩展阶段，一发至2倍大；

2. 取出排气，分切成两等份，重新滚圆，盖上保鲜膜松弛 10~15 分钟；

3. 擀成长28厘米、宽18厘米的长方形厚片，表面刷上适量全蛋液，然后均匀的撒上一层蜜红豆；

4. 紧密卷起，注意中间不要卷入空气；

5. 收口处擀薄，收口朝下封严，将面团分切成四等份，第2个面团重复操作即可；

6. 面包坯切口朝上摆入纸模中，收口处稍往下拉并捏紧实，切开面轻轻扒开稍做整理；

7. 二发至2倍大后，表面刷上全蛋液；

8. 烤箱预热，上下火180℃，中层，烤25分钟左右，取出后先在表面刷薄薄一层蜂蜜，再刷一层镜面果膏即可。

蜜汁红豆卷（8个）

上下火，180℃
中层，25 分钟

原料
Ingredients

面包面团
高筋面粉200克
牛奶60克
全蛋液60克
盐1克
细砂糖40克
干酵母粉3克
黄油40克

馅料
蜜红豆120克

表面刷液
全蛋液适量
蜂蜜10克
镜面果膏20克

肉桂卷

原料
Ingredients

面包面团
高筋面粉200克
低筋面粉50克
盐3克
干酵母粉3克
牛奶80毫升
糖粉40克
鸡蛋50克
黄油40克

馅料
糖粉30克
肉桂粉5克
葡萄干80克
朗姆酒100克

表面刷液
蛋白液适量
蜂蜜适量

模具
大号天使模具1个

操作步骤 *Method*

1. 以后油法揉面至扩展阶段，一发至面团2倍大；

2. 取出排气，擀开成1厘米厚的面皮；

3. 葡萄干切碎，事先用朗姆酒泡软，滤干水分加入肉桂粉、糖粉混合；

4. 面皮上刷薄薄一层蛋白液，将馅料均匀的撒在面皮上；

5. 从底部卷起，收口朝下，用快刀分切成七等份；

6. 天使模刷油，将面团切口朝上放入模具中；

7. 二发至满模时取出，表面刷少许蛋白液；

8. 烤箱预热，上下火180℃，中下层，烤25~30分钟，烤好后脱模，表面刷少量蜂蜜或枫糖浆即可。

★ ★ ★
上下火，180℃
中下层，25~30
分钟
★ ★

巧克力豆咖啡排包（9个）

上火，150℃
下火，180℃

中层，30分钟

原料
Ingredients

高筋面粉250克
低筋面粉50克
牛奶150克
干酵母粉4克
速溶咖啡粉（纯黑咖啡粉不含糖和乳精）4克
咖啡酒10克
全蛋液25克
黄油35克
细砂糖70克
烘焙用巧克力豆50克

表面刷液
蛋白液适量
蜂蜜适量

模具
20厘米×20厘米正方形烤盘1个

北京烘焙，烘焙新手入门

操作步骤 *Method*

1. 将速溶咖啡粉与咖啡酒混合,搅拌均匀至咖啡粉溶化,然后将原料中除黄油、巧克力豆之外的原料倒入面包机中;

2. 选择和面程序开始搅打面团,15~20分钟后暂停,此时面团已基本搅拌成团;

3. 加入切碎的软化黄油;

4. 再次启动程序搅打15分钟后暂停,此时面团已非常光滑;

5. 取一小块面团,慢慢抻开,如果面团比较有韧性,不易撑破,能形成一层透光的薄膜,撑破后破口边缘基本光滑即可,如果达不到这个程度请继续搅拌;

6. 将搅打好的面团取出揉和成团,放入一大盆中,包上保鲜膜送入28~30℃的烤箱,进行第一次发酵;

7. 发酵至面团涨发2~2.5倍大时取出;

8. 将面团取出排气,在面团表面撒上烘焙用巧克力豆;

9. 重新揉和成团;

10. 将面团分成均等的九份,逐一滚圆,放入烤盘中;

11. 将烤盘送入烤箱或者发酵箱进行第二次发酵,发酵至九分满时取出,表面均匀刷上蛋白液;

12. 烤箱预热,上火150℃,下火180℃,中层,烤30分钟左右,取出后表面刷适量蜂蜜或糖浆,趁热脱模,冷却后食用即可。

操作要点

1. 此配方300克面粉的量,如果做吐司也是可以的;不过如果做成带盖的,请按250克面粉来对比减量;

2. 没有咖啡酒的,可将咖啡粉换成5克,加少量水溶化咖啡粉,只是风味会差一些;

3. 此款面包搅打至扩展或者不太充分的完全阶段即可,不用搅打至完全阶段;

4. 天气较冷或者酵母发面较慢时,可将干酵母粉加入温水或者温牛奶中(40℃以下)搅拌均匀,静置10分钟左右再和面粉混合和面,可以大大缩短一发的时间。

上下火，180℃
中层，25~28分钟

照烧花枝包（8个）

原料
Ingredients

面团原料
高筋面粉250克
牛奶150克
细砂糖50克
干酵母粉4克
全蛋液50克
黄油40克

馅心
花枝丸（章鱼丸）8粒
日式照烧酱适量

表面装饰
蛋白液适量（烤前刷色）
蜂蜜适量
沙拉酱50克
木鱼花（柴鱼片）适量
海苔碎适量

珑珑妈·烘焙新手入门

操作步骤 *Method*

1. 以后油法揉面至扩展阶段，发酵至面团涨2倍大；

2. 取出排气，分割成八等份，约60克1个的小剂子，逐一滚圆，盖上保鲜膜中间醒发15分钟；

3. 花枝丸事先解冻，擦干水分；

4. 取一粒花枝丸，在照烧酱中滚一圈；

5. 然后取一小份面团，按扁，包入花枝丸；

6. 捏紧收口，收口朝下，重新滚圆；

7. 将包好的面包坯排入烤盘，每份面团中间留出1~1.5倍的间隔；

8. 送入发酵箱或者烤箱，进行二次发酵，至面团1.5~2倍大；

9. 用毛刷在面团表面均匀地刷上适量蛋清；

10. 烤箱预热，上下火180℃，烤25~28分钟，上色后加盖锡纸；

11. 将烤好的面包取出，用毛刷在表面刷上一层蜂蜜；

12. 在每个面包中间挤上沙拉酱，最后撒上木鱼花和海苔碎即可。

📝 操作要点

1. 照烧酱买不到的，可以用叉烧酱、牛排酱、BBQ烤肉酱等任意一款你喜欢的酱料来代替；也可以用4勺料酒、4勺生抽(最好选用黄豆酱油，如果没有，用3勺普通生抽加1勺美极鲜味汁代替)、1/2勺老抽、2勺蜂蜜、1/3勺盐，搅匀，调成照烧汁，然后煮开加适量水淀粉勾芡至浓稠，即可自制简易的照烧酱；

2. 包丸子的时候不要用挤的方式包，而要把面皮拉开再包，不要把酱汁挤到溢出，这样很难收口；注意收口一定要收严，以防发酵时裂开跑气以至面团塌陷；

3. 这款面包放至稍凉不烫口即可食用，中间的花枝丸和照烧酱趁热的时候吃最美味。

牛角面包（6个）

原料
Ingredients

面团原料
高筋面粉 150 克
低筋面粉 75 克
细砂糖 35 克
盐 1/8 小勺
干酵母粉 3 克
卡夫芝士粉 8 克
全蛋液 35 克
牛奶 70 克
黄油 20 克

表面装饰
蛋黄液适量
白芝麻少许
溶化黄油 15 克

第 1 次
★ ★
上火 180℃
下火 160℃
中层，15 分钟
★ ★

第 2、3 次
★ ★
上下火，150℃
中层，5 分钟
★ ★

操作步骤 *Method*

1. 用后油法将所有材料揉和至扩展阶段，一发至2倍大后，分割成六等份，搓成上圆下尖的水滴状，盖上保鲜膜中间发酵10~15分钟；

2. 取一小份面团擀成长条状，上宽下尖；

3. 用刮板在上部中间切一小口；

4. 两手分别按住一边切口，从上往下卷；

5. 压薄底边收口，然后滚动搓尖两头；

6. 再将尖头对弯成牛角形；

7. 烤盘铺锡纸，将已整形好的面团整齐的码放在烤盘中，注意收口朝下，留出适当空隙；

8. 送入烤箱或者发酵箱进行二次发酵，二发完成后表面刷上适量打散的蛋黄液，再撒上白芝麻；

9. 烤箱预热，上火180℃，下火160℃，中层，烤约15分钟后将面团取出；

10. 表面刷上溶化黄油，改上下火150℃，再次送入烤箱，中层，烤5分钟，然后取出再刷一次黄油，最后再烤5分钟即可。

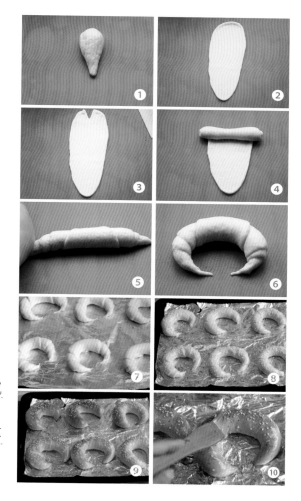

📝 操作要点

1. 整形时一定要注意面团要擀得尽量平整和长，上宽下尖，这样卷起时才会有比较清晰和多的层次；

2. 表面刷黄油时注意毛刷用点刷的方式刷上即可，不要大力横刷，这样会把表面的白芝麻刷下来。

__7B2F__

海螺面包 （6个）

上火，180℃
下火，160℃
中层，15分钟

原料
Ingredients

面包面团
高筋面粉100克
低筋面粉50克
细砂糖20克
盐0.5克
干酵母粉2克
全蛋液20克
牛奶80克
黄油10克

表面刷液
全蛋液适量

鲜奶油馅
鲜奶油100克

操作步骤 *Method*

1. 用后油法将所有材料揉和至扩展阶段，一发至2倍大；

2. 取出排气，分割成六等份，逐一滚圆，盖上保鲜膜中间发酵10~15分钟；

3. 取一小份面团擀成长条状；

4. 压薄底边卷成筒状；

5. 均匀搓长成细条；

6. 将长条粘紧在螺管烤模的尖头处，然后卷起旋转；

7. 直到全部绕完，最后收尾处拉细按压收口；

8. 不粘烤盘刷油，将整形好的面团收口朝下整齐地码放在烤盘中，中间留出适当空隙，送入烤箱或者发酵箱，进行二次发酵；

9. 二发完成后将表面刷上适量全蛋液；

10. 烤箱预热，上火180℃，下火160℃，中层，烤约15分钟至表面上色；

11. 晾凉至不太烫手时取出螺旋管，再晾至完全冷却；

12. 鲜奶油打发至硬性发泡，即出现清晰的花纹且不会消失的状态；

13. 将打发好的奶油装入裱花袋，配中号六齿花嘴；

14. 在完全冷却后的面包中间挤入鲜奶油即可。

操作要点

1. 搓成细长条时，要注意一定要搓力均匀，使长条粗细一致，如果粗细不均，最后卷筒成形会很难看；要注意条状面团一定要在硅胶垫上充分搓圆，使表面均匀光滑，不要出现气泡或者断筋；如果表面不光滑，二发后面包表面会出现大的坑洞，影响成品美观；

2. 卷管成形时要注意，面团的头尾一定要粘紧，并在装盘时收口朝下压住，这样烘烤时才不会散开；

3. 奶油馅一定要等面包体完全冷却后才能挤入，否则奶油会因受热而溶化；此外，除了鲜奶油馅，也可以换成巧克力奶油、卡仕达奶油、焦糖奶油等其他口味。

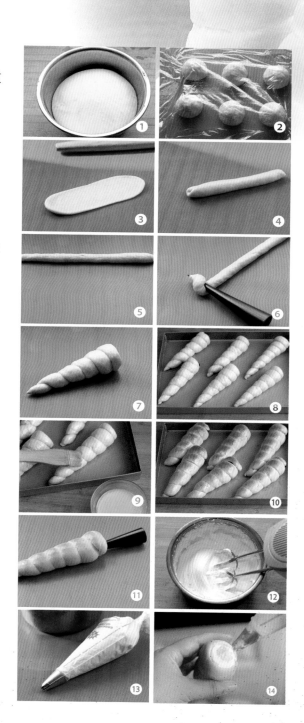

南瓜辫子包 （6个）

原料
Ingredients

面团
高筋面粉 300克
低筋面粉 50克
干酵母粉 4克
奶粉 15克
牛奶 180克
鸡蛋 50克
细砂糖 55克
黄油 35克

馅料
南瓜 150克
细砂糖 30克

表面装饰
全蛋液适量

操作步骤 *Method*

1. 用后油法将所有材料揉和至扩展阶段，一发至2倍大后，取出排气重新滚圆，盖上保鲜膜或者湿布中间发酵10~15分钟；

2. 一发的过程中，将南瓜切小块蒸熟后，趁热加入糖粉，用小勺拌匀碾压成泥，冷却备用；

3. 中间发酵结束后，将面团排气，擀开成0.6厘米厚的大圆形面片；

4. 在一半面片上抹上南瓜泥；

5. 将面片对折；

6. 然后横向擀开面片；

7. 用长刀将面片切成1厘米左右宽的条状，按每份切4刀，左右2刀切断，中间2刀不切断；

8. 这样就分成每份面团3条，然后3条编成一个辫子；

9. 烤盘垫锡纸，排入烤盘，二发至2倍大，表面刷少量全蛋液；

10. 烤箱预热，上下火180℃，中层，烤20~25分钟，上色后可加盖锡纸。

操作要点

1. 南瓜泥中趁热加入糖，可使糖均匀溶化；如果南瓜泥过稀可加入适量玉米淀粉搅拌均匀调节浓稠度；

2. 编辫子时注意尾部收尾处要适当按压，以防二发时绽开辫子松散；

3. 南瓜泥也可换成红枣泥、紫薯泥、红豆沙馅等。

卡仕达吐司

上火，180℃
下火，190℃

中下层，30 分钟

原料
Ingredients

面团原料
卡仕达酱 100 克
高筋面粉 250 克
细砂糖 40 克
盐 1/8 小勺
干酵母 4 克
奶粉 15 克
水 100 克
黄油 25 克

表面刷液
蛋白液适量
蜂蜜适量

模具
450 克吐司盒 1 个

坨坨妈·烘焙新手入门

操作步骤 *Method*

1. 将除黄油外所有面团原料倒入面包桶内;

2. 开1挡搅拌至所有材料成团,然后再开3挡搅拌2分钟;

3. 此时取一小块面团抻开,可以拉出比较厚的膜,证明面团已经搅拌出筋;

4. 此时加入切碎的软化黄油;

5. 开2挡搅拌1分钟,至黄油与面团完全溶合,然后开5挡搅拌4分钟,至面团充分搅拌光滑;

6. 此时取一小块面团抻开,可以拉出比较薄的膜,但膜的强度不太够,容易撑破,且破口边缘不光滑,此时已经达到扩展阶段;

7. 再继续用5挡搅打2分钟,抻开面团已经可以拉出非常薄且透明的膜,且膜的强度很高,不容易撑破,即使撑破,破口边缘也非常光滑,此时已达到完全阶段,可以做吐司了;

8. 将面团取出滚圆,放入大盆中,包上保鲜膜,置于温暖处发酵;

9. 至面团发酵至2倍大;

10. 将面团取出排气,分割成三等份,滚圆,包上保鲜膜中间发酵10分钟;

11. 取1份面团擀开呈椭圆形;

12. 将面团卷起,尾部压薄;

13. 收口呈圆筒状;

14. 将整形好的面团收口朝下放入吐司模具中,先放中间,再放两边;

15. 将面团送入烤箱,下层放一盘开水,发酵1小时左右;

16. 发酵至九分满模时,取出,将面团表面均匀刷上一层蛋白液;

17. 烤箱预热,上火180℃,下火190℃,中下层,烤30分钟,出炉后即刻脱模;

18. 表面刷上少许蜂蜜保湿,然后将吐司横置于架空的烤网上晾凉后,即可食用。

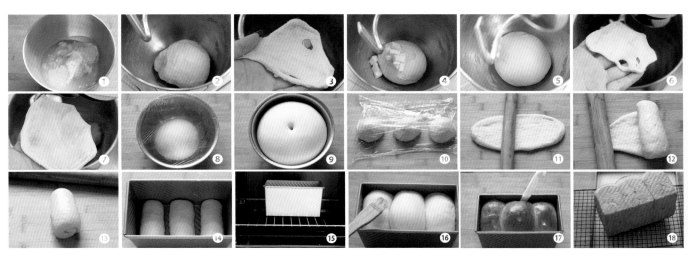

北海道牛奶吐司

原料
Ingredients

汤种原料
高筋面粉20克
牛奶100克

面团原料
高筋面粉270克
糖60克
盐2克
全蛋液40克
淡奶油50克
牛奶30克
干酵母粉3克
黄油25克

表面刷液
全蛋液适量

模具
450克吐司盒1个

操作步骤 *Method*

牛奶汤种面团的做法

1. 100克牛奶中筛入20克高筋面粉；

2. 用橡皮刮刀拌匀至无颗粒；

3. 最小火加热，一边加热一边不停搅拌，加热到65℃左右时关火，煮成比较浓稠的汤种面糊；

4. 将汤种面糊装入小碗，盖上盖子或者包上保鲜膜，送入冰箱冷藏15分钟；

面团做法

1. 将汤种面糊以及面团原料中除黄油外倒入面包机桶中；

2. 搅打至完全阶段；

3. 一发至2倍大；

4. 将面团取出排气，分割成三等份，滚圆，盖上保鲜膜，中间发酵10~15分钟；

5. 取一个面团，拉长用擀面杖擀成椭圆形长条，擀的时候切记要压出边缘的气泡；

6. 将面团卷起，底部用擀面杖压薄；

7. 然后卷成圆筒状，收口压在下方；

8. 450克吐司模具内壁刷少量溶化黄油或者植物油，将3份整形好的面团放入模具中码放整齐，注意中间均衡留出空隙；

9. 二发至九分满模，在面团表面均匀刷上一层全蛋液；

10. 烤箱预热，上下火170℃，中下层，烤30~35分钟，表面上色后加盖锡纸，关火后趁热脱模即可。

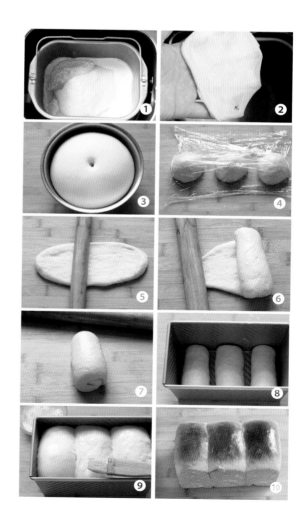

 **操作要点**

　　热的吐司在晾网上晾凉，完全冷却后即可食用。

蔓越莓黄金大吐司

原料
Ingredients

高筋面粉 300 克

细砂糖 50 克

盐 1/8 小勺

干酵母粉 4 克

奶粉 20 克

冰水 80 克

原味酸奶 60 克

蛋黄液 60 克

黄油 50 克

蔓越莓干 50 克

蛋白液适量（表面刷液）

蜂蜜适量

模具

450 克吐司盒 1 个

坨坨妈·烘焙

操作步骤 *Method*

1. 用后油法将面团揉和至扩展阶段，一发至 2 倍大；

2. 取出排气，擀开成成长条状，中间撒上蔓越莓干；

3. 将面团卷起，再次重新揉和成团；

4. 将面团分成均匀的三等份；

5. 每份小面团搓成长条状；

6. 用编辫子的方式整形，然后将整形好的面团放入吐司模具中；

7. 包上保鲜膜，送入烤箱或者发酵箱，二次发酵到面团两倍大，吐司模约八分满的时候取出，在面团表面均匀刷上一层蛋白液；

8. 油酥面团（制作方法见本书第 207 页）用刨板刨成细条状撒在面团表面；

9. 再在表面撒上几粒蔓越莓干；

10. 刨油酥时将烤箱预热，上火 160℃、下火 190℃，中层，烤 30 分钟左右，将烤好的吐司取出，表面刷上一层蜂蜜，冷却后脱模即可。

✍ 操作要点

1. 此款面包含水量非常大，不适合手工揉面（面团会非常黏手），所以建议尽量用面包机或者厨师机来操作；

2. 蔓越莓干不要在和面时加入，这样在搅拌的时候容易造成面筋的断裂，面团变软变塌，失去弹性，最终会导致成品粗糙和涨发不成功，所以最好在一发过后，二发之前，整形的时间加入，这样不会影响成品的美观，烘焙的成功率也会比较高。

庞多米 （吐司盒1个）

★ ★
上下火，180℃
中下层，30~35分钟
★ ★

原料
Ingredients

中种面团
高筋面粉220
干酵母粉3克
水130克

主面团
高筋面粉60克
细砂糖15克
盐1/8小勺
奶粉10克
水40克
无盐黄油15克

模具
450克加盖吐司盒

坨坨妈：烘焙新手入门

操作步骤 *Method*

1. 将中种面团中的材料全部倒入厨师机搅拌桶内；

2. 以3挡搅拌3~5分钟左右至基本成团成团即可；

3. 盖上保鲜膜进行发酵，注意此处发酵可采用多种方法，一种烤箱高温发酵，一种室温发酵，一种送入冰箱冷藏发酵，前2种方法发酵时间比较短，后一种发酵时间较长，一般需要10小时以上的时间，但低温冷藏发酵的口感更好，不过失败率更高，选择何种方式随个人喜好；

4. 发酵至面团约2倍大时停止发酵；

5. 将主面团材料（除黄油外）倒入厨师机搅拌桶，再加入发酵过的中种面团；

6. 以3挡搅拌2分钟然后5挡3分钟搅打成比较光滑的面团；

7. 取一小块面面撑开可以拉出比较厚的膜；

8. 加入切碎的软化黄油；

9. 以3挡搅拌3分钟然后5挡5分钟搅拌至面团非常光滑的状态；

10. 取一小块面团撑开可以拉出大片透明的薄膜；

11. 将面团置于大盆中，包上保鲜膜送入烤箱或发酵箱，发酵至2倍大；

12. 将发酵好的面团取出排气分割成三等份，逐一滚圆；

13. 取一小份面团擀开成长条椭圆形；

14. 将面团卷起两圈半，收口朝下竖放，剩余面团相同操作；

15. 将整形好的面团放入吐司模具中，先放居中放入一个，再左右各放一个，注意收口要压在下方；

16. 将模具送入烤箱下放一盘热水发酵至九分满模；

17. 抽出水盘，烤箱预热，上下火180℃，中下层，烤30~35分钟；

18. 出炉后脱模即可。加盖吐司无法看到上色和烤熟程度，各人烤箱温度不一这里给出的时间也不可完全照搬，为免烤不熟或者烤过火，可在烤25~30分钟以后取出，试着抽动吐司盒盖，可以打开就表示烤熟了，抽不动就表示没烤熟，还要继续烤。

📝 **操作要点**

　　1.各人面包机功率的设定不同，所以和面时间只供参考，和面时请随时将面团取出检查，能揉出"手套膜"的状态即可；

　　2.不同品牌面包机设置的发面时间也不一样，而且发酵随季节和室温的变化所需时间也不尽相同，所以发酵的时候要随时注意观察面团的涨发程度，一发时涨发到2倍大即可停止发酵，二发时发至八九份满即可，有时候一个发面程序的时间用不完，有时候要加时间，这个就由自己掌握！

抹茶蜂蜜吐司

（面包机吐司）

原料
Ingredients

面团原料

高筋面粉300克

牛奶180克

蜂蜜20克

糖粉50克

干酵母粉3克

抹茶粉1大勺

开水2大勺

黄油30克

表面装饰

蛋白液适量

杏仁片适量

坨坨妈：烘焙新手入门

操作步骤 *Method*

1. 抹茶粉置于一小碗中；

2. 加入2大勺开水；

3. 搅拌成均匀的糊状；

4. 然后将面团原料中除黄油外倒入面包机中；

5. 启动和面程序，开始搅拌面团，搅拌20分钟后暂停，此时面团已经搅拌得较为光滑；

6. 加入切碎的软化黄油；

7. 再次搅打25~30分钟后暂停程序，此时面团已经搅打得非常光滑；

8. 取一小块面团慢慢抻开，如果能够抻出薄如手套的透明薄膜并破口边缘光滑，即可停止程序，如果没有达到这个程度，请继续搅打；

9. 将面团揉圆放入面包机中，选择发酵程序，开始第一次发酵，待面团发酵至2倍大时，停止发酵；

10. 将面团取出重新揉圆；

11. 分割成六等份，逐一滚圆，盖上保鲜膜，中间发酵10~15分钟；

12. 取1小份面团搓成长条状；

13. 将面团打个结；

14. 将两头捏合收起，收口朝下，底部翻上放置；

15. 其余面团相同操作，将六份整形好的面团整齐的码入面包机中；

16. 再次开启发面程序，进行第二次发酵，待面团发至面包机九分满时停止发酵，将面团表面刷上适量蛋白液，撒上杏仁片；

17. 选择烘烤程序，中度烧色，时间选择45分钟，开始烘烤；

18. 程序结束后将内胆提出，脱模冷却后即可食用。

上下火, 180℃
中下层, 30 分钟

酸奶吐司

原料
Ingredients

面团原料
高筋面粉270克
全蛋液23克
细砂糖50克
盐1克
干酵母粉3克
家庭自制无糖酸奶150克
黄油25克

表面装饰
全蛋液适量
软化黄油适量
油酥粒适量

油酥面团
黄油25克
糖粉20克
低筋面粉25克
蜂蜜适量

模具
轻乳酪蛋糕模2个

操作步骤 *Method*

油酥面团制作

1. 黄油25克室温软化；

2. 加入20克糖粉；

3. 用小勺或者小号打蛋器搅打均匀；

4. 筛入25克低筋面粉；

5. 用橡皮刮刀翻拌均匀至无干粉的状态；

6. 包上保鲜膜，送入冰箱冷藏备用。

吐司制作

1. 用后油法将面团揉和至扩展阶段，一发至2倍大；

2. 取出排气，分割成四等份，逐一滚圆，盖上保鲜膜松弛15分钟；

3. 取1份小面团擀长成椭圆形面皮；

4. 将面皮翻面，底部用擀面杖压薄；

5. 将面皮从上至下卷起；

6. 将面皮卷成圆筒状，两端收口搓得稍尖一些，其余3份面团重复以上步骤；

7. 轻乳酪蛋糕模内壁刷少量溶化黄油（分量外），将整形好的面团2个一组相对放入模具中；将面团置于温暖湿润处进行第二次发酵；

8. 待发酵至满模时，表面刷全蛋液，中间夹缝处挤上软化黄油，再用刨板刨出适量油酥粒撒于表面；

9. 烤箱预热，上下火180℃，中下层，烤30分钟左右，当烤至20分钟左右时，面团表面上色后需加盖锡纸再烤；

10. 出炉后立即脱模置于烤网上晾凉即可食用。

📝 操作要点

1. 夏天和面时请打开面包机盖子，且配方中的液体成分最好都使用冷藏过的，如水、牛奶、蛋液、酸奶等，这样做的原因是为了避免面团提前发酵；

2. 如果使用市售有糖酸奶，请减少5克的糖量；

3. 这里使用的模具是轻乳酪蛋糕模，此配方用轻乳酪蛋糕模可做2个吐司；如果用450克吐司模可以做1个；如果想做成加盖的方形吐司，请将面粉用量减为250克，其他原料相对酌减；

4. 模具如果使用不粘模具，可以省去刷油步骤。

布里欧修小吐司

原料
Ingredients

高筋面粉250克
低筋面粉50克
干酵母粉3克
细砂糖60克
全蛋1个 (约50克)
蛋黄1个 (约20克)
牛奶80克
黄油60克

表面刷液

全蛋液适量
蜂蜜适量

模具

大号雪芳模2个

坨坨妈·烘焙新手入门

操作步骤 *Method*

1. 用后油法将面团揉和至扩展阶段，一发至2倍大；

2. 取出排气，分割成十六等份，30~32克1个的小剂子，逐一滚圆；

3. 取一小份面团，按扁；

4. 像包包子一样，从边缘往中间捏合起来；

5. 置于案板上用右手食指捻成水滴形状；

6. 将尖头朝下，整齐地排入吐司模具中，每个模具放8个小面团；

7. 包上保鲜膜，送入38℃的烤箱，旁边放杯开水，进行二次发酵；

8. 面团涨发至模具的八九分满时取出，在表面均匀地刷上全蛋液；

9. 烤箱预热，上下火180℃，中层，烤20分钟左右（中途如觉得上色过深可加盖锡纸）；

10. 最后将烤好的吐司取出，表面刷上少量蜂蜜，脱模即可。

操作要点

1.像包馅一样的整形方法是为了面团表面光滑不开裂，搓捻成水滴形状时要注意将中间的空气排出，不要包入空气，否则烘烤的时候面团中间会出现大的空洞；

2.排入模具中时注意尖头朝下放入，让光滑的一面朝上，才能在二发后形成漂亮的隆起；

3.烤好的面包表面刷上蜂蜜除了可以增加口感和光泽，也是天然的面包保湿剂。

比尔是德国传统面包的代表之一，它的名字来自啤酒(Beer)。顾名思义是一种就着啤酒吃的零食，面包的体积不能大，以刚好两指可夹为度，且质地一定要酥脆，这种细棒状面包棒，也是用于法餐与意大利套餐的佐餐面包。一般餐厅会附上小碟的橄榄油、盐和胡椒粉搭配食用，这款面包的组织比较干，也非常适合用来蘸取汤汁。同样基础面团可以做成原味、粗盐、芝士等口味，口感都非常好。

欧式面包

比尔
（10个）

第1次 ★★★ / 上下火，200℃ / 中层，10 分钟 / ★★★

第2次 ★★★ / 上下火，180℃ / 中层，8~10 分钟 / ★★★

原料
Ingredients

高筋面粉 170 克
低筋面粉 70 克
水 120 克
盐 4 克
细砂糖 5 克
橄榄油 15 克
干酵母粉 4 克
卡夫芝士粉适量

操作步骤 *Method*

1. 将所有材料倒入面包机中；

2. 选择和面程序，搅打约40分钟左右；

3. 取1小块面团慢慢撑开可以拉出透明的薄膜，破口边缘基本光滑即可；

4. 放入大盆包上保鲜膜，置于温暖处发酵；

5. 发酵至面团2倍大时停止发酵；

6. 将面团取出排气，分割成30克1个的小面团，逐一滚圆，盖上保鲜膜或者湿布中间发酵10~15分钟；

7. 取1份小面团擀开成长条形；

8. 压薄底边从上到下卷成圆筒状，然后搓成长条；

9. 烤盘刷油，将整形好的面团整齐地码放在烤盘中，中间留少量空隙，表面喷适量水；

10. 再在面团表面均匀地撒上适量卡夫芝士粉；

11. 送入烤箱或者发酵箱进行二次发酵，注意别加热水；

12. 烤箱预热，上下火200℃，中层，烤10分钟开门喷雾1次，水分烤干时将温度降到180℃，再烤8~10分钟至上焦色即可。

操作要点

1. 橄榄油为液态油脂，所以这里用直接法和面更易混合，无需使用后油法；

2. 烘烤中途加一次喷雾是为了使面包表面增加光泽，等水分烤干时要降温再烤，如此才能获得此款面包应有的酥脆口感。

贝果（6个）

上下火，200℃

中层，20分钟

原料
Ingredients

面团

高筋面粉200克

全麦粉50克

干酵母粉2.5克

红糖10克

盐5克

水140克

黄油10克

煮贝果糖水

水1500克

白砂糖75克

坨坨妈·烘焙新手

操作步骤 *Method*

1. 面团所有材料以后油法揉至扩展阶段, 一发至2倍大;

2. 分割成六等份, 逐一滚圆, 盖上保鲜膜或者湿布中间发酵10~15分钟;

3. 取1份面团, 擀成椭圆形面片;

4. 压薄下底边, 从上至下卷起;

5. 双手手掌搓开搓长呈长条;

6. 用擀面杖的头部按压长条面团的底部;

7. 形成一个圆片状的凹槽;

8. 将长条面团首尾相交卷成圆圈形, 将擀开的凹槽处面片拉开包住另一头, 并收口捏紧, 剩余面团重复操作即可;

9. 烤盘铺锡纸或者垫布, 将整形好的面团送入烤箱或者发酵箱进行二次发酵, 至面团1.5倍大左右时取出;

10. 1500克水加75克白砂糖大火煮沸后转小火, 将贝果面团放入糖水中, 每面煮30秒;

11. 将煮好的面团捞出滤干水分;

12. 重新排入烤盘, 立刻送入预热至200℃的烤箱, 中层, 上下火, 烤20分钟即可。

📝 操作要点

1. 将发酵好的面团放入糖水锅中时, 不要用手拿, 最好用手指顶起锡纸的下部, 然后将面团生坯顶起与锡纸分离后, 倒扣入锅中, 每面煮30秒, 动作一定要快, 翻面时用锅铲不要用筷子, 以免面团变形;

2. 煮好的面团迅速捞起滤水放入烤盘中, 烤箱提前预热, 捞出后直接烘烤, 等的时间长会使面团塌陷;

3. 贝果很有嚼劲, 但直接单吃感觉没什么味道, 食用时一般会从中切开, 可搭配生菜、火腿、奶酪等做成三明治, 也可抹上打发奶油, 夹入水果等做成甜面包。

史多伦

（6个）

★ ★ ★
上火，180℃
下火，160℃

中层，28分钟
★ ★ ★

史多伦(Stollen) 源自德国东部的德雷斯顿(Dresden)，是德国圣诞节必备的传统面包，距今已有几个世纪的历史。这款面包象征耶稣诞生时的马槽，也有说是象征襁褓或者包巾，糖粉象征着十二月圣诞的白雪，具有特殊的宗教意义。

原料
Ingredients

面团原料

高筋面粉25克

细砂糖40克

盐1/8小勺

干酵母粉3克

肉桂粉1小勺

牛奶130克

黄油65克

馅料

蔓越莓干50克

红提干50克

杏脯干50克

朗姆酒2大勺

表面装饰

溶化黄油20克

糖粉15克

操作步骤 *Method*

1. 将面团材料以后油法揉和至扩展阶段，一发至2倍大；

2. 事先将果干混合后切碎，用朗姆酒浸泡5小时以上，滤出备用，将发酵好的面团排气擀开，中间铺上泡好的综合果干；

3. 再次揉合成团；

4. 分割成六等份，逐一滚圆，盖上保鲜膜或者湿布中间发酵10~15分钟；

5. 取一份面团擀开成椭圆形面片；

6. 从上往下至2/3处折起；

7. 用擀面杖从中间用力按紧；

8. 将所有面团整形后排入铺好锡纸的烤盘，注意中间留出适当空隙；

9. 送入烤箱或者发酵箱进行二次发酵；

10. 烤箱预热，上火180℃，下火160℃，中层，烤28分钟左右；

11. 出炉后在面包表面刷上厚厚一层溶化黄油；

12. 再在表面均匀筛上厚厚一层糖粉即可。

✎ 操作要点

1. 综合果干品种可自由选择调换，只要口感搭配合适即可；

2. 此款面包烤好后比较硬，放置2~3天后，等所有的果香酒香与香料得以完全释放时，才是最佳品尝时机。

第1次
★★·
上下火，180℃
——————————
中层，8~10分钟
★★·

第2次
·★★·
上下火，200℃
——————————
中上层，8~10分钟
·★★·

意式比萨

原料
Ingredients

饼底
高筋面粉250克
低筋面粉50克
水150克
盐2克
细砂糖24克
鸡蛋1个
黄油40克
干酵母粉3克

馅料
比萨酱60克(可用番茄酱代替)
青椒2个
荷米肠10片
小番茄2个
比萨专用牛肉粒100克
马苏里拉芝士150克

模具
9寸比萨烤盘2个

操作步骤 *Method*

1. 将面团所有材料以后油法揉至扩展阶段，一发至2倍大；

2. 将面团取出排气分割成两等份，重新滚圆，盖上湿布或者保鲜膜静置10分钟；

3. 将面团擀开成圆片，比萨盘刷油，将面片移到比萨盘中，并用手掌按平推开，注意周边要推厚一些形成饼边；

4. 用叉子在饼皮上均匀地叉出气孔；

5. 烤箱预热，上下火180℃，中层，烤8~10分钟，至表面稍稍上色时取出；

6. 将饼皮中间迅速刷上厚厚一层比萨酱；

7. 再码放上一层荷米肠，一层切成圈的青椒，中间撒上牛肉粒；

8. 再均匀撒上一层切碎的马苏里拉芝士；

9. 在芝士上再摆上几片切成圈的小番茄；

10. 烤箱改成上下火200℃，中上层，再烤8~10分钟，至马苏里拉芝士溶化并表面烤出焦色时关火，取出分成小块即可。

操作要点

　　比萨的馅料可随个人喜好随意组合，鸡肉、鱼肉、香肠、猪肉、火腿、培根加各种蔬菜水果，比萨酱的口味也可有多种变化，所以这是一道能充分发挥自己创意的饼。

Part 5

其他类甜点
边玩边做吧

挞皮、派皮制作基础知识

挞皮、派皮的制作

　　蛋挞、派类的点心是以硬质挞皮或者派底包裹软质馅料的一种点心，让人在食用时可以享受到酥脆与绵柔2种完全不同的口感，所以也是非常受欢迎的烘焙品种。挞、派的内馅以各种奶油酱、巧克力酱、果酱馅为主，这些在本书第40页中有详细介绍，就不再重复介绍。挞皮、派皮的制作与饼干的面团基本类似，一般制作流程为2种：

模式	流程	适用
模式1	黄油加糖打发——加入鸡蛋/牛奶之类的液体混合——加入过筛的干粉类——拌匀——揉和成团——冷藏——擀开——转入派盘或挞模——去除多余面皮——叉出气孔——压入重物——入烤箱烘焙——倒出重物——脱模冷却	配方中液体成分较多的派皮制作
模式2	干粉类混合过筛——黄油切小块加入面粉中——用手搓匀成粉末——加入牛奶/鸡蛋等液体——拌匀——揉和成团——冷藏——擀开——转入派盘或挞模——去除多余面皮——叉出气孔——压入重物——入烤箱烘焙——倒出重物——脱模冷却	较干硬酥脆、液体成分较少的派皮制作

制作派皮时一般需要注意以下几点：

1.面粉与蛋液/牛奶/黄油等液体初步混合至无干粉的状态后，要倒在硅胶垫上再用手揉和均匀，揉的时间不宜过长，一般揉和七八次约用10秒即可，时间过长手掌的温度会令面团中的黄油析出，不利于操作；

2.揉和好的面团要冷藏30分钟以上，以使其充分延展，这样擀开的面皮才具有一定的弹性和张力，在入模时才更好操作；如果不冷藏直接擀开的面皮是非常稀软的，移入模时面皮容易断裂，很难操作；

3.将冷藏后的面团分切成小块，用手的温度按开混合，在面团表面铺上一层保鲜膜再擀开；冷藏后的面团比较干硬，如果直接擀开会比较难操作，所以先切小块稍揉和柔软一些比较方便操作；表面垫保鲜膜是为了防止面团与擀面杖粘连，同时也能擀出更光滑的表面；

4.将擀开的面皮半卷在擀面杖上移至派盘上，夏天室温较高时面皮擀开后会非常软，这项操作会比较难以完成，因为面皮在移动过程中就会断裂，所以此时可将面皮上下各垫一层保鲜膜擀开，然后提起整体派皮移动，揭去上层保鲜膜将派皮用掌心倒扣入派盘，然后再揭下反面的保鲜膜；

5.派皮移动至派盘之上后，要用擀面杖按压四周和底部使派皮与派盘内壁充分贴合；

6.用刮板沿边缘刮一圈，去除多余面皮；

7.派皮烘烤之前要用叉子或者滚针均匀的叉出小孔，这是给派皮留出气孔，以免面皮在烘焙过程中因为不能充分排气而膨胀产生鼓包变形，影响成品美观；

8.烘烤派皮时最好将派皮上隔一层油纸再压上重物，以免烘焙过程中因派盘与派皮之间留有气体而使派皮膨胀鼓包；这里压上的重物可以是烘焙专用的重石，优点是可以反复使用，如果没有也可以用黄豆、绿豆、大米之类的代替，烤完之后倒掉即可；

9.基础挞皮等同以上操作，烤好的派皮或者挞皮脱模冷却后方可加入馅料，因为馅料中含有一定的水分，如果热的时候加入，派皮会马上变软，失去本身酥脆的口感。

西式酥皮的制作

挞皮、派皮除了基础的硬质派皮，还有开酥的千层酥皮，最经典的葡式蛋挞就是用的千层酥皮而非硬质挞皮。西式的千层酥皮在烘焙中应用非常广泛，除了可做为挞皮、派皮使用外，还可用作各种酥皮类点心的制作，如酥块、酥条饼干、夹馅酥点、花篮派皮、装饰用的网格酥皮等。

千层酥皮的制作

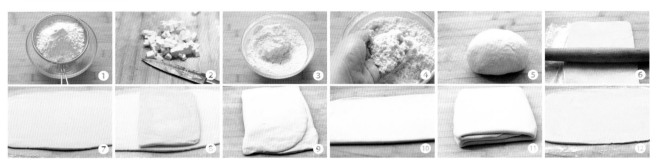

原料: 低筋面粉220克、高筋面粉30克、黄油40克（面团用）、糖粉5克 、盐1.5克、水125克、黄油180克（裹入用）

1. 面粉、糖粉、盐混合过筛备用；

2. 黄油室温软化后切成小丁；

3. 将黄油倒入面粉中；

4. 用手搓匀成粉末状；

5. 加入水搅拌均匀，揉成光滑的面团，包上保鲜膜，放入冰箱冷藏室松弛20分钟；

6. 将180克黄油室温软化后装入保鲜袋，将保鲜袋事先折成需要大小的长方形，然后将黄油擀成厚薄均匀的长方薄片，这时候黄油会有轻微软化，可放入冰箱冷藏数分钟至重新变硬；

7. 把松弛好的面团取出来，案板扑粉，把面团放在案板上，擀成长方形，长大约为黄油薄片宽度的3倍，宽比黄油薄片的长度稍宽一点；

8. 将冷藏变硬的黄油片取出，撕去保鲜袋，将黄油片放在长方形面片中央；

9. 把面片的一端向中央翻过来盖在黄油片上，盖的时候要排空面皮与黄油中间的空气，不要出现气泡或空隙，然后用手按紧边缘，使面皮牢固的结合，再以同样的方法将面片的另一端也叠过来，成为三折状；

10. 将折好的面皮横放，用擀面杖重新擀长成长方形；

11. 将面皮从两边 1/4 处折叠后再对折，形成 4 折；

12. 将 4 折后的面皮横放，再次擀长成长方形，如此反复 3~4 次（约 3 次 3 折加 3~4 次 4 折），最后一轮折叠结束后，将面皮擀成均匀的大片，即成千层酥皮；如果一次做得多、用不完，可以将酥皮视自己所需分割成小块，包上保鲜膜放入冰箱冷冻贮藏，下次做点心时取出解冻即可。

操作要点：

1. 制作千层酥皮时，夹层中包入的黄油，最好使用片状黄油，虽然没有片状黄油用普通黄油亦可，但片状黄油比一般普通黄油溶点要低，所以开千层酥皮时更好操作，不易漏油；

2. 开千层酥皮要注意的一个很重要的因素就是温度，夏天室温较高时是不适宜开酥的操作，因为黄油非常容易溶化，会在操作时与面皮之间无法形成紧密的贴合，会出现气泡或者漏油的现象，这样开出的酥皮烤制后会成一整版，无法实现清晰的分层；实在需要夏天操作时，房间的冷气要开足，面团、黄油、擀面杖、垫板或者硅胶垫全部送入冰箱冷藏过再操作，并操作时动作一定要快，感觉黄油稍有溶化的迹象时，就将面团放入冰箱冷藏松弛 10~20 分钟后再擀制，这样会提高成功率。

中式酥皮的制作

中式酥皮的制作原理和西式酥皮基本相同，都是面皮里包裹油脂，通过折叠擀卷的方法制造千层酥皮，只不过中式酥皮的制作和西式的有细微差异：第一，中式酥皮用的是猪油而非黄油；第二，中式酥皮采用的是油皮包油酥的方法，即夹层中开酥用的油脂不是纯油脂，而是油脂与面粉的混合体，这样在制作的过程中油脂的稳定性更好，油脂析出的可能性更小；第三，中式酥皮的开酥整形方法非常多样，可以通过不同的折叠方法和整形方法制造多样性的花纹和造型。常见的有圆形、方形、蝴蝶形、菊花形、元宝形等，本书因篇幅有限，只能给出了基础的圆形面团的整形方法（见本书第222页），但其他各种造型都是从基础圆形再演化来的，掌握了基础再想深入学习和掌握就方便得多。

泡芙的制作要点

泡芙（puff）是一种源自意大利的西式甜点，蓬松张孔的奶油面皮中包裹着奶油、巧克力或者冰淇淋、甚至是溶岩巧克力蛋糕等，这种甜点因其酥脆的外壳加柔软的内芯制造的两种完全不同的口感，而让人一口上瘾、欲罢不能。泡芙的制作其实相对简单，但对于新手来说，却是成功率较低的一款甜点，最主要的原因就是泡芙面糊的干稀度不好掌握，面糊要炒到比较干硬的程度，面糊中的水分基本上被蒸发，才能在烘烤过后形成中空脆硬的外壳，而且出炉后不会塌陷，这样才能在中间挤入各种夹馅。很多新手在制作泡芙时，烤制时膨胀得很好的泡芙一出炉立马塌陷，这种情况一般都是泡芙面糊没有炒到足够干导致的。操作时一定要注意面糊要炒到面糊开始粘锅，面团炒干至可以成团的程度，同时烘烤时要一鼓作气，中间不要打开炉门，烘烤的时间不能太短，要烤至面团稍带焦色，面团中的水分完全烤干形成脆硬的外壳。关火后炉门不要打开，余温再焖几分钟，这样会大大提高成功率。

布丁的制作要点

布丁是蛋奶类的凝固制品，因其幼滑软嫩的口感而深受人们喜爱。烘焙中常见的布丁有2种制作方法：一种是冷藏制法，即将液体类或者加入水果等混合后，加入鱼胶、果胶、琼脂之类的凝固剂，通过冷藏使液体凝固，这种方法用来制作果冻会比较多一些；而加入蛋、奶的布丁因鸡蛋和牛奶需要加热消毒，而且蛋是遇热凝固的特性，所以会用热烤使蛋白质凝固的方法来制作，这种布丁是传统西点中最常见到的，以卡仕达焦糖布丁为代表，口感浓郁，糖汁深厚，有着让人着迷的香气和口感。

煎烤类点心制作基础知识

煎烤类点心是烘焙门类中比较特别的一类，因为这一类点心并非用烤箱操作，而是用平底锅或者各种特制的模具，通过直火加热煎烤的方式制作出来的。其特点是操作快捷，迅速成型，而且即做即吃，焦香味深厚，一般都有着外酥里嫩的口感。这一类的点心制作的通用准则是，锅或者模具一定要先加热，一般都会加热到一个比较高的温度，然后迅速的倒入面糊，利用高温快速的使面糊定型。操作时要时刻注意火候，需要翻面或者关火的动作一定要快，一不小心很容易烧煳。

葡式蛋挞

上下火，200℃
中层，15~20分钟

原料
Ingredients

淡奶油150毫升
牛奶150毫升
白砂糖30克
蛋黄4个
吉士粉4克
成品大号蛋挞皮12个

操作步骤 *Method*

1. 取一小奶锅，倒入淡奶油与牛奶，混合均匀；

2. 倒入白砂糖搅拌均匀；

3. 一边小火加热一边搅拌至糖溶化，至牛奶即将沸腾时关火，稍作冷却；

4. 蛋黄4个打散；

5. 牛奶晾凉到80℃左右时冲入打散的蛋黄，一边缓缓加入一边迅速搅拌均匀；

6. 然后往锅中筛入吉士粉；

7. 搅拌均匀即成蛋挞水；

8. 将蛋挞水用细筛过滤一遍；

9. 最好用量杯或奶锅等带尖嘴的容器装蛋挞水，比较方便操作；

10. 蛋挞皮置于烤盘上，逐一倒入蛋挞水，每个八分满左右；

11. 烤箱预热，上下火200℃，中层，烤15~20分钟；

12. 待表面结出焦糖点时关火取出即可。

操作要点

1. 牛奶加热不可过热，完全沸腾后奶油会出现水油分离，容易结皮；

2. 蛋黄冲入牛奶溶液中时温度不可过高，同时要快速搅拌，否则蛋黄易凝结，那就冲成蛋花汤了。

黄桃派

原料
Ingredients

派皮
黄油50克
糖粉25克
盐1/8小勺
鸡蛋30克
低筋面粉100克

黄桃馅
罐头黄桃100克
糖粉5克
镜面果膏适量
薄荷叶2片

模具
5寸活底派盘2个

操作步骤 *Method*

1. 黄油置于大碗中，室温软化后加入糖粉和盐；

2. 用打蛋器搅打至微微发白；

3. 分3次加入打散的全蛋液搅打均匀，每次都要完全搅打均匀后再加下一次；

4. 筛入低筋面粉；

5. 用橡皮刮刀拌匀至无干粉的状态；

6. 揉和成光滑的面团，包上保鲜膜送入冰箱冷藏30分钟；

7. 将面团取出分切成小块，用手稍作按压混合；

8. 再将面团擀开成大的圆形派皮；

9. 将派皮移入模具中；

10. 贴合并去除多余派皮，叉出气孔；

11. 烤箱预热，上下火180℃，中层烤10分钟后关火，不要取出；

12. 将黄桃用毛巾或者厨房纸吸干水分，再平切成薄片；

13. 将切片的黄桃整齐的摆在烤好的派皮上，再筛上糖粉；

14. 烤箱改上下火200℃，再送入中层，烤5分钟后取出；

15. 将表面刷上适量镜面果膏；

16. 脱模后中间装饰上薄荷叶即可。

操作要点

1. 此分量可做2个5寸派，如果只做1个,分量请减半；

2. 此款水果派需要在派生皮中加水果再烤制，以形成焦糖水果的口感，所以派皮要分两次烤制，第1次烤至基本成形，第2次加入水果再烤至上色；第1次烤完之后如果黄桃没有切好，不要开烤箱取出，可关火继续用余温焖，等黄桃处理好之后再取出摆盘，这样可以避免派皮在未完全烤好的过程中吸收空气中的水分再吸收黄桃的水分，变得软塌，口感不酥脆。

花篮苹果派

上下火，200℃

中层，15~20分钟

原料
Ingredients

成品派底1个
黄油20克
千层酥皮1份
（或者飞饼皮1张）
干淀粉适量
苹果（大）1个
白砂糖20克
饼干屑（面包糠）25克
肉桂粉1/2小勺
全蛋液适量

模具
5寸菊花派盘1个

操作要点

1.苹果馅中加入饼干屑或者面包糠，也可加入切成小丁的面包，是为了吸收炒苹果时，炒出来多余的水分和油分，以免苹果馅在烤制的过程中会因焦化而渗出更多的水分或油分，最后会从盘中溢出，影响成品的美观和口感，所以这一步绝不能省；

2.底层派皮烤好后一定要放至完全冷却后才可加入苹果馅，同样苹果馅也要完全冷却，以防止派皮在热的时候放入热的苹果馅，会使派皮软化，口感不酥脆，而且苹果馅和派盘如果是热的，在编制花篮派皮的过程中，会因派盘或苹果馅的温度过高，致使表层的酥皮软化变形，不易进行编制和整形。

操作步骤 *Method*

1. 烤好的派皮不要脱模，冷却备用（成品派底的制作方法请参考本书第220页）；

2. 黄油用煎锅中火加热至熔化；

3. 苹果去皮切成约2厘米见方的丁；

4. 将苹果丁倒入锅中翻炒；

5. 加入白砂糖，继续翻炒至糖变焦色即可关火；

6. 饼干事先碾碎（如果用面包糠可不用碾碎）；

7. 将饼干屑加入锅中；

8. 将饼干屑翻炒均匀；

9. 将炒好的焦糖苹果馅倒入派皮中间，均匀铺平，置于一边晾至冷却；

10. 千层酥皮（制作方法请参考本书第222页）或者飞饼皮两面抹干淀粉置于室温软化后擀成大的圆形薄片；

11. 将面皮切成约1.5厘米宽的长条状；

12. 先在苹果派上均匀的摆上几条竖的面皮，注意中间均等留空；

13. 然后再将相同数量的面皮横着交叉穿梭（即一条上穿一条下穿）的方法织成花篮派皮，最后用2根长的面皮封边；

14. 用刮板去除多余面皮，然后用全蛋液均匀的在表面涂一层，尤其有面皮接口的地方要多涂一些使其粘连；

15. 烤箱预热，上下火200℃，中层，烤15~20分钟至表层上色即可。

操作步骤 *Method*

派皮的制作过程可参考本书第220页；卡仕达酱制作见本书第41页。

1. 烤派皮的同时将所有水果清洗切块；草莓对剖；橙子去皮切成8瓣；奇异果去皮切半月片状；
2. 将卡仕达奶油酱装入裱花袋挤入挞皮内；
3. 再将水果、薄荷等码放在表面装饰即可；
4. 取少量鲜奶油打发至出现硬性纹路，装入裱花袋中；
5. 小菊花模内的卡仕达酱表面再挤上一团打发奶油；
6. 再将水果固定在奶油上装饰即可。

水果派

原料
Ingredients

派皮
黄油100克
糖粉50克
盐1/8小勺
鸡蛋1个
低筋面粉200克

卡仕达馅
卡仕达酱200克
打发鲜奶油40克

装饰
草莓200克
蓝莓100克
树莓100克
橙子1个
奇异果1个
薄荷叶适量

模具
5寸活底派盘2个
小菊花挞模8个

冰淇淋蓝莓挞

上下火，180℃
中层，10分钟

原料

Ingredients

千层酥皮200克
冰淇淋45克
蓝莓27颗
糖粉适量
百里香数枝

模具

六角形慕斯框9个

操作步骤 *Method*

1. 千层酥皮1块，约200克；

2. 酥皮室温软化后，两面抹干面粉，擀成0.6厘米厚的长片；

3. 六角形慕斯框在面皮上刻出形状；

4. 用大号花嘴的底部，再在六角形面皮中间刻出圆形；

5. 将刻好的面皮置于烤盘上；

6. 烤箱预热，上下火180℃，中层，10分钟左右；

7. 将烤好的酥皮置于盘中；

8. 用挖球器将冰淇淋挖成小球；

9. 填入塔皮中间，并用勺背按紧；

10. 再在表面放上蓝莓果粒，筛上糖粉，最后摆上百里香的叶子做装饰即可。

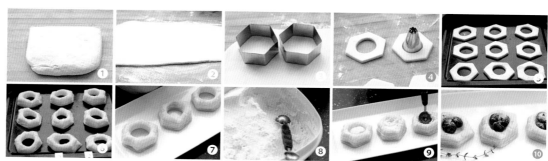

上下火，180℃
中层，20分钟

樱桃克拉芙缇

原料
Ingredients

樱桃100克
白砂糖10克
鸡蛋1个
糖粉20克
香草精3滴
低筋面粉20克
黄油7克
牛奶100毫升

模具
18厘米×12厘米×3厘米
椭圆形烤盘1个

操作步骤 *Method*

1. 樱桃洗净，剪去尾蒂，用一根粗吸管对穿，去除内核；

2. 将去核的樱桃倒入大碗中，加入白砂糖拌匀腌渍20分钟；

3. 鸡蛋液加入糖粉、香草精打散；

4. 筛入低筋面粉；

5. 用打蛋器搅拌均匀；

6. 加入溶化后的黄油搅匀；

7. 加入牛奶再次搅拌均匀；

8. 倒入烤盘中，约八分满；

9. 将腌渍好的樱桃整齐地码放在烤盘中；

10. 烤箱预热，上下火180℃，中层，烤20分钟左右即可。

操作要点

1.克拉芙缇在烘烤过程中容器边缘部分或者中间会膨胀很高，属于正常现象，不用担心，出炉放凉后就会回缩；

2.烘烤时间可视边缘的上色程度而定，不能太嫩；太嫩的话蛋液没有凝固切开会散。

操作要点

1. 过滤布丁液是为了滤去蛋液中没有打散的蛋白,保证布丁丝滑的口感;

2. 气泡一定要去除干净,否则烤好后布丁表面会呈现蜂窝眼,影响成品美观;去除气泡的方法很多,可用小勺舀去,也可用纸巾、厨房纸吸走,有烘焙专用喷枪的,可用喷枪烧灼布丁液表面,也能很快去除气泡;

3. 铝制模具导热性非常好,所以在烘烤时模具与烤盘之间要垫布或者厨房纸,以免底部受热太高产生气泡呈现蜂窝状的组织,影响口感和成品美观;

4. 基于同样的道理,布丁烤制的过程中也不可用太高温度,全程在160℃就好,烤的时间也一定要足够,否则未全熟时倒扣脱模时会无法成形;

5. 这款布丁也可用蒸制,只是注意蒸锅要先烧上汽后改小火再放入模具,模具表面要加盖或者包上保鲜膜,蒸45分钟左右即可。

卡仕达布丁

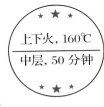

上下火,160℃
中层,50分钟

原料
Ingredients

焦糖汁
水50克
白砂糖120克

布丁液
牛奶450毫升
鸡蛋2个
蛋黄2个
香草精5滴
糖粉100克
香橙甜酒10毫升

表面装饰
打发奶油适量
薄荷叶适量

模具
10厘米×8厘米×3.5厘米
椭圆形固底小蛋糕模6个

操作步骤 *Method*

1. 小锅中加入白砂糖和水，一边小火加热一边搅拌，至颜色变成焦色后关火，焦糖汁的颜色色度可由自己掌握，喜欢颜色深的多煮一会儿，喜欢颜色浅的少煮一会儿；

2. 然后迅速倒入模具中，每个模具倒入刚刚盖住底部的浅浅一层就好，晾凉至焦糖结块；

3. 牛奶中火加热，即将沸腾时关火；

4. 2个鸡蛋与2个蛋黄倒入大碗中，加入糖粉和香草精；

5. 用打蛋器搅打均匀；

6. 碗下垫块湿毛巾，一边缓缓倒入热牛奶，一边迅速搅拌均匀；

7. 加入香橙甜酒再次搅拌均匀；

8. 将布丁液用筛网过滤一遍；

9. 滤出气泡与没有打散的蛋白；

10. 将布丁液倒入模具中，每个九分满；

11. 用纸巾吸去布丁液表面的气泡；

12. 烤盘铺毛巾或者厨房纸，将模具整齐地放在上面；

13. 往烤盘中注入热水；

14. 烤箱预热，上下火160℃，中层，烤50分钟，待布丁凝固成形后取出；

15. 用小刀沿模具周边划一圈；

16. 深口盘倒扣在模具上；

17. 迅速整体翻转过来，看到焦糖汁流出时；

18. 拿起模具即可脱模，用打发奶油和薄荷叶在一边做装饰即可。

操作要点

1.往热牛奶溶液中加入蛋黄液时，注意牛奶的温度不能太高，应该搅拌晾凉一会儿，温度在80℃以下，70~75℃，以免温度过高将蛋黄冲熟，同时注意要一点点地加入，一边搅拌均匀，这样布蕾液才光滑均匀，在烤制时才不会出现分层；

2.糖汁煮至焦色后要迅速关火，焦化过重会令糖汁发苦，最后往焦糖里冲入开水可防止糖汁在关火后凝固，所以必需在关火后立刻冲入开水，冲入过慢或者冲入的是冷水，都会让糖汁迅速凝结成块。

上下火，200℃
中层，30分钟

黄桃酸奶烤布蕾

原料
Ingredients

布蕾液
纯牛奶 150克
酸奶 120克
细砂糖 20克
鸡蛋 2个
低筋面粉 10克
玉米淀粉 15克
吉士粉 5克

焦糖汁
细砂糖 20克
冰水 1勺
开水 1勺

表面装饰
罐头黄桃 100克
薄荷叶 1片

模具
4寸圆形瓷质烤碗 1个

操作步骤 *Method*

1. 纯牛奶中加入20克细砂糖；

2. 搅拌均匀后，微波加热1分钟左右，至即将沸腾的状态；

3. 鸡蛋2个，分出蛋黄；

4. 将蛋黄打散；

5. 将蛋黄液边搅拌边慢慢倒入牛奶碗中；

6. 混合搅拌均匀；

7. 倒入酸奶，搅拌均匀；

8. 将低筋面粉、玉米淀粉、吉士粉混合筛入碗中；

9. 再次搅拌均匀即成布蕾液；

10. 将布蕾液用筛网过滤；

11. 入圆形烤碗中，约八成满；

12. 烤箱预热，上下火200℃，中层，烤30分钟左右；

13. 烤至表面起皮，微带焦糖点，取出；

14. 罐头黄桃切薄片在布蕾表面整齐码放一圈；

15. 细砂糖20克、冰水1勺加入不锈钢碗中；

16. 一边小火加热一边搅拌至糖溶化、沸腾；

17. 煮到糖汁变成焦色后关火，迅速加入1勺开水，搅拌均匀即成焦糖汁；

18. 最后将焦糖汁淋在黄桃上，装饰上一片薄荷叶即可。

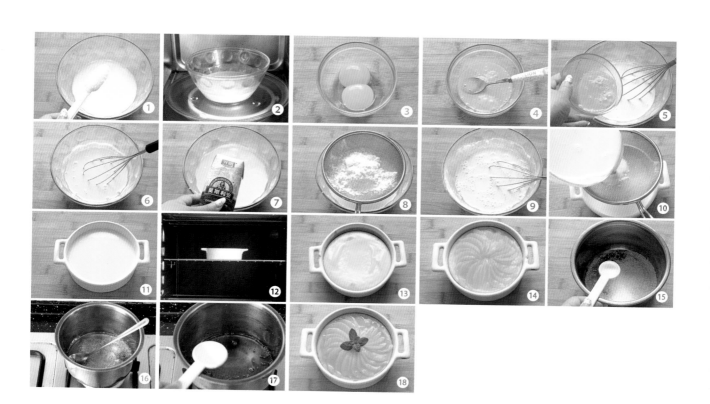

水果面包布丁

上下火，200℃
中层，25~35 分钟

原料
Ingredients

牛奶250克
白砂糖20克
鸡蛋2个
香草精数滴
面包150克
肉桂粉5克
糖粉8克
各式水果适量（品种随意）

模具
14厘米×20厘米椭圆形
烤盘1个

操作步骤 *Method*

1. 牛奶小火加热至沸腾时关火，加入白砂糖搅拌均匀至糖溶化；
2. 鸡蛋打散，加入3~5滴香草精（没有可不加），搅打均匀；
3. 将牛奶慢慢加入蛋液中，一边加一边搅打均匀，即成布丁液；
4. 面包切成小丁；
5. 取一大烤碗，将面包丁装入碗中，并稍做按压，使表面平整；
6. 将布丁液均匀地浇在面包表面；
7. 糖粉和肉桂粉混合均匀，制成肉桂糖；
8. 将肉桂糖均匀地筛在烤碗表面，烤盘中注入热水，烤箱预热，200℃，中层，上下火，25~35分钟；
9. 烤布丁的同时，可将自选的各式水果洗净去皮，切成小丁；
10. 最后将烤好的布丁取出，将水果均匀地装饰在布丁表面即可。

 操作要点

　　面包的品种随意，家里吃不完的任意一种面包都可用来做面包布丁，甚至吃不完的干馒头切丁也一样也可以做；肉桂粉也可以换成可可粉等；表面装饰的水果也可以随个人喜好自由搭配。

草莓奶油泡芙（9个）

操作要点

1. 泡芙制作的成功与否，与泡芙糊炒制过程中的干稀程度紧密相关；炒得不够干，或者加入的鸡蛋太多，会让泡芙糊太稀，从而会在烤制的过程中无法稳定成型，烘烤的时候涨很大，一熄火就会塌陷；所以这里加蛋液最好分多次加，一边加入一边不停搅拌，达到足够的弹性和适当的浓稠度即可停止再加蛋液，一般蛋糊的状态以勺起面糊可形成三角形片状往下滴落的状态即成功；

2. 泡芙一定要烤制到完全干硬酥脆才能稳固成形，所以这里要分2种温度两次烤制，关火后余温焖至自然冷却，就是要让泡芙中的水分完全蒸发，以免出炉后塌陷，所以等待是必需的，不要心急太早拉开烤箱门。

上下火，200℃ / 中层，20分钟

上下火，180℃ / 中层，18分钟

原料
Ingredients

泡芙面糊
低筋面粉60克
黄油40克
细砂糖3克
盐1克
牛奶40毫升
鸡蛋2个

卡仕达酸奶油馅
卡仕达酱100克
原味酸奶150克

表面装饰
草莓8颗
薄荷叶适量

坨坨妈·烘焙新手入门

操作步骤 *Method*

1. 筛网上放一张湿纸巾，下垫空碗，倒入原味酸奶；
2. 盖上盖子放入冰箱冷藏12小时；
3. 此时已滤出酸奶中的水分，即成软奶酪；
4. 将软奶酪倒入大碗中，加入卡仕达酱；
5. 用打蛋器搅拌均匀；
6. 装入裱花袋，配泡芙专用长花嘴，送入冰箱冷藏备用；
7. 奶锅中加入黄油、牛奶、盐、细砂糖；
8. 一边搅拌，一边小火加热至黄油熔化后关火；
9. 筛入低筋面粉；
10. 用打蛋器搅拌成均匀的面糊；
11. 将奶锅重新小火加热，一边加热一边不停地用橡皮刮刀搅拌，直至面糊变成比较干的团状，并开始粘锅底时关火；
12. 离火，分3次加入打散的鸡蛋液，一边加入一边迅速搅拌均匀；
13. 舀起面糊可形成三角形往下滴落的状态即成功；
14. 将面糊装入裱花袋中，配大号六齿花嘴；
15. 烤盘垫锡纸，将泡芙面糊在烤盘上挤出4厘米直径的半球状；
16. 整体喷雾；
17. 烤箱预热，上下火200℃，中层，烤20分钟，然后改180℃，再烤18分钟，熄火后不要立刻开烤箱门，在烤箱中放至自然冷却后再取出；
18. 将冰箱中冷藏的奶油馅取出，半切开泡芙，将奶油馅挤入中间；
19. 草莓切小块；
20. 草莓放在奶油中间，装盘时再摆上几片薄荷叶即可。

天鹅泡芙（25个）

操作要点

1.泡芙糊一定要炒至比较干的状态，也就是面团开始粘锅并在底部结出薄膜的状态，炒得不到位的泡芙糊因为水分较多，很容易在烘烤过后出炉时塌陷；

2.往面糊中加入蛋液要分次加入，而且注意搅拌均匀，不要有颗粒状的面团，而是要搅拌成顺滑细腻的面糊；

3.泡芙面团的烤制要一鼓作气，中途绝对不要打开烤箱门，以免泡芙塌陷，烤好后不要开烤箱门，余温再焖10分钟可使泡芙酥脆。

第1次

★ ★ ★
上下火，180℃
中层，5分钟
★ ★ ★

第2次

★ ★ ★
上下火，190℃
中层，25分钟
★ ★ ★

原料
Ingredients

黄油40克
盐1/8小勺
水100克
低筋面粉60克
鸡蛋2个
淡奶油100克
糖粉30克
巧克力酱少许

操作步骤 *Method*

1. 低筋面粉过筛备用；
2. 黄油、盐、水加入奶锅中；
3. 中火加热至沸腾时关火；
4. 将低筋面粉倒入锅中，用橡皮刮刀快速拌匀至无干粉；
5. 将锅重新坐于火上，中火加热并不停翻炒，至锅底结出一层薄膜时关火；
6. 鸡蛋2个打散；
7. 将泡芙面团转入大碗中，将蛋液分3~4次加入碗中，一边加入一边搅拌；
8. 搅打成均匀顺滑的面糊；
9. 将面糊装入裱花袋中；
10. 先将裱花袋剪一小口，烤箱铺纸，在纸上挤出正反两种2形面糊，放入180℃烤箱，烤5分钟后取出；
11. 再将裱花袋剪出比较大一些的口，在烤盘上挤出水滴形状的面糊，中间注意留出比较大的空隙；
12. 烤箱预热，190℃，上下火，中层，烤25分钟左右，熄火后余温再焖10分钟，取出晾凉；
13. 淡奶油加入糖粉，高速搅打至出现硬性花纹；
14. 将打发奶油装入裱花袋中，配中号六齿花嘴；
15. 将泡芙从中下层对剖，再将上面一半再对剖；
16. 将底部那一半挤入打发奶油；
17. 再将天鹅的颈部插入前部，然后装上2瓣翅膀，最后用牙签沾少许巧克力酱点上眼睛即可。

凤梨酥 (9个)

上下火, 175℃
中层, 20 分钟

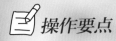 **操作要点**

1. 凤梨馅一定要炒到非常干硬的状态, 否则包酥皮的时候不好操作, 因为馅心太软会在包制的时候破皮, 按入模具的时候酥皮也会开裂;

2. 烘烤的时候最好连同模具一起进烤箱烘烤, 如果只是用饼干切整形后脱模烘烤, 面坯在烘焙过程中会膨胀变形, 影响成品美观。

原料
Ingredients

凤梨馅
去皮菠萝果肉 600 克
去皮冬瓜 750 克
冰糖 75 克
麦芽糖 75 克

油酥皮
黄油 60 克
糖粉 50 克
蛋黄 1 个
低筋面粉 80 克
奶粉 25 克

模具
长方形饼干切

坨坨妈：烘焙新手入门

244

操作步骤 *Method*

1. 去皮冬瓜切成小丁；

2. 去皮菠萝，去中间硬芯后切成小丁；

3. 将菠萝与冬瓜一起倒入料理机，搅打成果泥；

4. 将搅打出的果泥过滤一下，滤出多余的水分；

5. 将果泥倒入不粘炒锅中，加入冰糖与麦芽糖；

6. 先用大火煮沸后再转小火，一边煮一边不停翻炒，直至炒至焦糖色，状态为比较干硬时即成凤梨馅；

7. 将炒好的凤梨馅盛入碗中，盖上盖子或者包上保鲜膜送入冰箱冷藏备用；

8. 60克黄油室温软后，加入50克糖粉；

9. 用打蛋器搅打均匀；

10. 加入1个蛋黄；

11. 再次搅打均匀；

12. 低筋面粉与奶粉混合均匀后，筛入黄油碗中；

13. 用橡皮刮刀翻拌均匀至无干粉；

14. 用手稍揉和，团成面团，包上保鲜膜，送入冰箱冷藏30分钟；

15. 将冷藏好的凤梨馅和酥皮材料取出，分成各18克1个的小剂子，逐一搓圆；

16. 取1份酥皮材料，按扁或者擀开，中间放入凤梨馅；

17. 包起搓圆；

18. 压入凤梨酥模具中，连同模具一起排入烤盘；

19. 烤箱预热，上下火175℃，中层，烤20分钟左右；

20. 取出晾凉后脱模即可。

操作要点

1. 油皮整形时因为时间会比较长，所以事先整好的面团要盖上保鲜膜或者温布，以免面团变干不易操作；

2. 夏天天气炎热时，油皮和油酥混合好后要放入冰箱冷藏备用，以免温度过高猪油溶化不易操作；

3. 红豆沙馅也可换成枣泥、绿豆、栗蓉、莲蓉等各种你喜欢的内馅。

蛋黄酥

（32个）

★ ★ ★

上下火，180℃

中层，25~30分钟

★ ★ ★

原料
Ingredients

油皮
中筋面粉150克
糖粉20克
猪油40克
水75克

油酥
低筋面粉135克
猪油70克

馅料
红豆沙馅480克
咸蛋黄32个
色拉油适量

表面装饰
全蛋液
黑芝麻适量

操作步骤 *Method*

油皮

1. 中筋面粉过筛置于大碗中;

2. 加入猪油;

3. 用手搓成均匀的粉末状;

4. 加入水;

5. 拌匀后揉和成光滑的面团,盖上保鲜膜送入冰箱松弛30分钟,即成油皮面团。

油酥

6. 低筋面粉同样过筛后置于大碗中,加入猪油;

7. 用橡皮刮刀翻拌至无干粉的状态即成油酥,油酥面团夏天也需送入冰箱冷藏,冬天室温放置即可。

制作

8. 将油皮和油酥各分成16等份,逐一搓圆;

9. 取一个油皮面团擀开成圆形面片,放入一个油酥面团;

10. 从下往上推收外皮;

11. 捏紧收口;

12. 将收口朝下滚圆面团,其余面团同此操作;

13. 取一份包好的面团擀开成椭圆面片;

14. 从上至下卷成圆筒状;

15. 其余面团同此操作;

16. 取一面卷竖放;

17. 将面团再次擀开成长条状;

18. 再次从上至下卷起;

19. 将面卷从中切开一分为二;

20. 取其中一半面团竖放;

21. 用掌手按扁成圆形;

22. 将面团擀开成圆形面片;

23. 咸蛋黄提前一小时浸泡在色拉油中备用;

24. 取约15克红豆沙搓成圆球后按扁,包入一个咸蛋黄;

25. 收口包紧搓圆;

26. 将擀好的面片中间放入蛋黄豆沙馅;

27. 上推面皮收口;

28. 将面皮收口包紧捏实,收口朝下滚圆;

29. 将整形好的生坯整齐的码放在铺了锡纸的烤盘上,表面均匀刷上一层全蛋液,再在中间撒上少许黑芝麻;

30. 烤箱预热,上下火180℃,中层,25~30分钟即可。

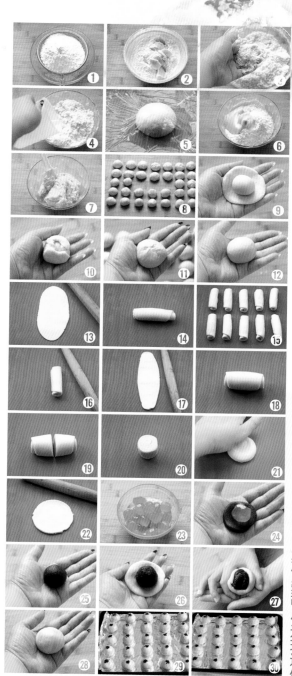

杏仁千层酥

（21个）

上下火，180℃
中层，15~20分钟

原料
Ingredients

千层酥皮120克
（或飞饼皮2张）
蛋白液少许
蛋黄10克
糖粉25克
杏仁片30克
干淀粉适量

操作步骤 *Method*

1. 干层酥皮120克或飞饼皮2张，两面抹上适量干淀粉，室温解冻至软化；
2. 将其中一张表面刷上适量蛋白液；
3. 将另一张盖在上面，按压贴合紧实；
4. 用擀面杖稍擀开成较大的方形面片；
5. 去除多余的边角切成正方形；
6. 从正中竖切一刀分成两半，再将一半切成三等份的长条；
7. 另一半同样操作，将长条再横切三等份，分成十八份均等的小长方形面片；
8. 蛋黄加入糖粉；
9. 搅打均匀成蛋黄霜糖；
10. 烤盘铺锡纸，将面片整齐地码放在烤盘中并适当留空，将蛋黄霜糖均匀地刷在面片表面；
11. 将杏仁片撒在面片表面，并用手轻轻按压，使其和蛋黄霜糖粘连；
12. 烤箱预热，上下火180℃，中层烤15~20分钟。

操作要点

1. 用2张饼皮重叠是为了得到更厚、更丰富的层次；如果你用的不是市售酥皮，而是自制酥皮，且本身层次比较多，就不用双层饼皮重叠；

2. 千层酥皮做法见本书第222页；

3. 蛋黄霜糖比较容易上色和焦糊，所以如果烘烤到10分钟以后，表面已经上色，但油酥层尚软，未变硬定形，可加盖锡纸，或者将上火调为0℃，只用下火同时开热风循环，这样可保证表层不被烤糊。

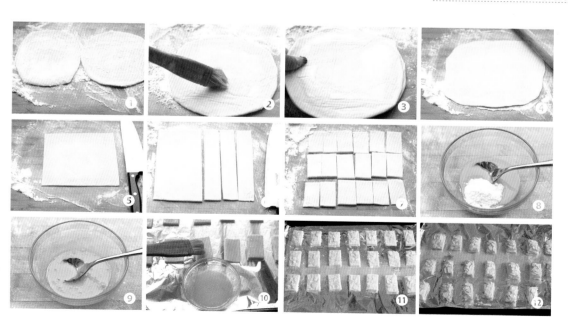

芝香糖酥条（10个）

原料
Ingredients

千层酥皮60克
（或飞饼皮1张）
干酪粉3克
白砂糖8克
全蛋液适量
熟白芝麻适量
干淀粉适量

坨坨妈·烘焙新手入门

操作步骤 *Method*

1. 千层酥皮或者飞饼皮两面抹干淀粉，室温解冻至软化后擀开成大的薄面皮；

2. 在面皮表面均匀地刷上一层全蛋液；

3. 再撒上白砂糖；

4. 再撒上一层干酪粉；

5. 再撒上少许熟白芝麻；

6. 用长直刀切成1.5~2厘米宽的长条；

7. 烤盘铺纸，将每条面皮整理成螺旋状，均匀地铺在烤盘中；

8. 烤箱预热，上下火，中层180℃，烤10分钟左右即可。

操作要点

　　1.千层酥皮或者飞饼皮软化之前，要两面抹干淀粉，再放在已经抹了干淀粉的砧板上软化，否则软化后会粘连，擀开时也要注意抹干淀粉，否则会粘在擀面杖上；

　　2.切面皮时最好用长直刀一刀切下，刀刃上蘸干淀粉或者抹油防粘；

　　3.这里用的白砂糖是粗砂糖不是细砂糖；

　　4.糖很容易烤至焦煳，所以烤盘一定要铺纸，烤好的酥皮要整体从下揭下锡纸，取的时候要非常小心，因为糖酥条本身非常酥脆，稍一用力就会扯断，所以不要大力直接抠下来。

水果拿破仑酥 （2个）

原料
Ingredients

千层酥皮120克
（或飞饼皮2张）
卡仕达酱150克
奇异果、芒果、草莓
各适量
糖粉少许
干淀粉适量

表面装饰
薄荷叶数片

操作步骤 *Method*

1. 千层酥皮120克，如果是冷冻酥皮，请在做奶油酱之前拿出来室温解冻至软化；不会做千层酥皮的，可以用市售飞饼皮代替，建议可用2张飞饼皮解冻后重叠再擀开，层次会比较好；

2. 砧板撒少量干淀粉，将千层酥皮擀开；

3. 切掉多余的边角，呈方形，置于铺了烤纸的烤盘上，用叉子或滚针扎出小孔，放入冰箱冷藏15分钟；

4. 烤箱预热，上下火180℃，中层，烤8~10分钟，至表面上色后取出，注意此时烤箱不要断电；

5. 翻面，底部朝上，趁热筛上糖粉；

6. 将派皮再次放入烤箱，烤5~7分钟，至表面糖粉溶化形成焦糖镜面；

7. 烤派皮时可将水果清洗后切成片备用；

8. 将烤好的派皮取出，晾凉后分切成6个小长方块（切的时候要分外小心，因为酥皮很脆，稍不注意就会切碎，最好用锯齿刀一点点前后移动来切开）；

9. 在4块派皮上挤上卡仕达酱；

10. 再在卡仕达酱上摆放水果片；

11. 再在水果表面挤上少量卡仕达酱，将剩下的2块派皮盖上；

12. 最后在表层挤上少量奶油酱装饰上草莓和薄荷叶，筛上糖粉即可。

📝 操作要点

1. 千层酥皮的做法请参考本书第222页；
2. 卡仕达酱的做法请参考本书第41页。

紫薯绣球酥

（3个）

坨坨妈：烘焙新手入门

上下火，170℃
中层，20分钟

原料
Ingredients

千层酥皮240克
（或飞饼皮4张）
紫薯奶油馅150克
全蛋液适量
白芝麻适量
干淀粉适量

操作步骤 *Method*

1. 取干层酥皮 240 克或飞饼皮 4 张；

2. 趁还是硬的时候揭去塑料纸，两面抹上适量干淀粉，置于室温软化；

3. 砧板抹上干淀粉，将软化的飞饼皮稍稍擀开；

4. 用直刀分切成约 1.2 厘米宽的长条；

5. 将飞饼包装用的塑料纸垫在下面，然后将长条面皮交叉互穿，织成花篮皮，取约 50 克紫薯馅搓圆成馅心，放在饼皮中央；

6. 将饼皮连同塑料纸一同包起；

7. 揪去多余饼皮，将接口处整理捏合紧实；

8. 收口向下放置，剩余材料重复步骤 3~7 即可；

9. 将制作好的绣球生坯放入烤盘，用毛刷在表面刷上适量全蛋液，再撒上少许白芝麻；

10. 烤箱预热，上下火 170℃，中层，烤 20 分钟左右即可。

📝 操作要点

　　1. 千层酥皮做法请参考本书第 222 页，紫薯奶油馅的制作方法请参考本书第 41 页；

　　2. 不喜欢紫薯的也可以用红豆沙、栗子馅、莲蓉馅等代替；

　　3. 包皮收口时，注意一定要去除多余面皮；面皮太多影响美观，而且注意一定要捏合紧实，捏不紧的可沾少量水，使饼皮粘连；收口要向下放置，否则酥皮在烤制过程中膨胀会发生变形，无法形成漂亮的球状。

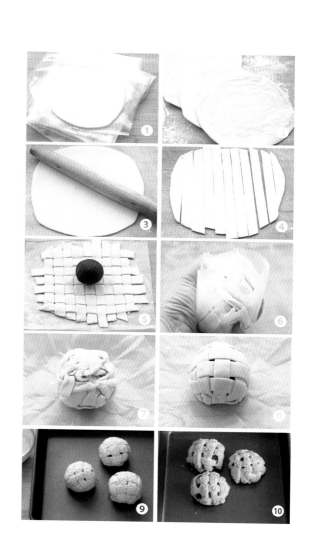

铜锣烧（5个）

原料
Ingredients

鸡蛋2个
糖粉60克
蜂蜜20克
甜酒5克
色拉油12克
牛奶60克
低筋面粉50克
泡打粉1/2小勺
红豆沙馅适量

坨坨妈·烘焙新手入门

操作步骤 *Method*

1. 鸡蛋2个打入大碗中；
2. 加入糖粉、蜂蜜、甜酒、色拉油；
3. 用打蛋器搅打均匀；
4. 一边加入牛奶一边继续搅拌均匀；
5. 低筋面粉与泡打粉混合筛入碗中；
6. 用打蛋器再次混合成均匀的面糊；
7. 不粘平底锅烧至中等热度时改小火，锅底抹油（分量外），用汤勺舀入一勺面糊，使其自然摊开形成约5厘米直径的圆形，小火加热至面糊表面出现蜂窝状的气孔；
8. 此时翻面再煎另一面，背面再煎1~2分钟后取出，剩余材料重复操作即可；
9. 将煎好的一个面饼翻过来反面朝上，抹上适量红豆沙馅；
10. 将另一块面饼盖上合起即成铜锣烧。

操作要点

　　1.铜锣烧的面糊久置会出现油脂上浮于表面的情况，所以每次煎面糊之前最好再混合搅拌一下，以使面糊水油均衡；

　　2.铜锣烧的面糊在煎制的过程中很容易上色过深或者煎煳，所以一定要注意控制火候，也要控制时间，一面煎制的时间不要超过2分钟，只要出现气孔就表示面团熟了，要立刻翻面，全程要小火，如感觉锅底过热，可稍关一下火等稍稍冷却后再操作，这样比较不容易煎黑。

可丽饼（2个）

坨坨妈·烘焙新手入门

原料
Ingredients

蛋饼
鸡蛋1个
牛奶125克
糖粉20克
黄油20克
低筋面粉70克

馅料
淡奶油50克
糖粉15克
香蕉1根
奇异果1个
罐头黄桃果肉50克

操作步骤 *Method*

1. 鸡蛋、牛奶、20 克糖粉倒入打蛋盆中，搅打均匀；
2. 黄油微波熔化，将 15 克黄油倒入打蛋盆中（留 5 克黄油煎饼用），再次搅打均匀；
3. 筛入 70 克低筋面粉；
4. 再次搅打混合均匀成光滑细腻的蛋糊；
5. 不粘煎锅均匀地刷上一层溶化黄油，大火烧热后改中火；
6. 倒入适量蛋糊（约 1/3）；
7. 迅速晃动蛋糊使其均匀的流平一面锅底，然后用中小火煎约 1 分钟；
8. 煎至蛋饼表面完全变干无液态感，掀起蛋皮底部带微焦色即煎好了；
9. 将煎好的蛋饼对折取出晾凉，剩余材料相同操作；
10. 冷却蛋皮的同时，可将黄桃切小丁、奇异果和香蕉去皮切片；
11. 50 克淡奶油加 15 克糖粉搅打至硬性发泡，放入裱花袋配中号六齿花嘴；
12. 先将蛋皮左侧挤三排奶油；
13. 将蛋皮对折至右部留出 1/4；然后再在右边挤一圈奶油；
14. 在奶油中间摆上切好的水果；
15. 最后将蛋饼卷成筒状即可，剩余材料相同操作。

操作要点

1. 液体中加入干粉时，搅拌一定要注意完全混合均匀，不要留有大的未搅散的颗粒；
2. 锅一定要烧热再下入蛋糊；
3. 煎制过程中火力不可太大，可先中火后小火，以免蛋皮底部煎煳表层还未熟透；
4. 煎的时间和火候要控制好，蛋皮煎煳影响美观；
5. 水果可换成你喜欢的任意其他水果。

华夫饼 （8个）

原料
Ingredients

鸡蛋 150 克
糖粉 60 克
牛奶 100 克
低筋面粉 160 克
玉米淀粉 40 克
泡打粉 4 克
黄油 60 克

表面装饰
蓝莓 5 颗
蜂蜜适量
薄荷叶数片

坨坨妈·烘焙新手入门

操作步骤 *Method*

1. 鸡蛋150克打散（大鸡蛋约3个，小鸡蛋约4个）；

2. 加入糖粉和牛奶，搅打均匀；

3. 低筋面粉、玉米淀粉、泡打粉混合均匀后筛入蛋液中；

4. 搅打至浓稠顺滑，面糊可以呈带状流下的状态即可；

5. 加入60克溶化黄油，搅拌均匀

6. 将面糊倒入一大尖嘴杯中；

7. 华夫饼模内壁两面刷上少许溶化黄油（分量外）；

8. 将模具两面中火加热至开始冒烟时，打开，倒入面糊，使其均匀铺满一面；

9. 合上模具，两面均匀烘烤；

10. 直至表面略带焦色即可；

11. 可可华夫饼只需在原味华夫的配方中加入5克可可粉即可，想要颜色深一些的可加入10克可可粉，不过口感会比较苦，所以需要在原配方中再加5克左右的糖；

12. 可可华夫饼的操作和上述相同。取出后，刷上蜂蜜，放上蓝莓、薄荷叶装饰即可。

操作要点

1.面糊转入尖嘴杯中比较方便倒出，容易控制剂量；

2.华夫饼模直火加热时注意不能直接放在中间烤，而是要拿在手上左右平移使火力均匀烤制，否则会出现中间糊两边不上色的现象；

3.烤制时要注意两边翻面，建议一面烤几十秒再换另一面烤几十秒再换回来，这样正反来回几次，看到模具烤出烟，闻得到奶油的香味的时候就差不多烤好了；这时可打开模具查看，上色了就不用再烤了，没有上色或者上色不均的，就再把没上色的地方再单独烤一下就好了；

4.面糊一定要倒满一面，如果没有倒满，就会出现空格。

饼干版华夫（10个）

原料
Ingredients

黄油100克
低筋面粉200克
奶粉20克
卡夫芝士粉20克
糖粉80克
全蛋液50克

装饰
水果适量
薄荷叶适量
巧克力酱适量
糖粉少许

操作步骤 *Method*

1. 低筋面粉、奶粉、糖粉与卡夫芝士粉混合过筛，筛入大盆中备用；

2. 黄油软化后切成小丁加入干粉中；

3. 用手搓成均匀的粉末；

4. 加入打散的全蛋液；

5. 用橡皮刮刀翻拌至无干粉的状态；

6. 用手揉和成光滑的面团；

7. 华夫饼模刷油，大火烧热后改小火，将面团分成50克1个的小圆球，左右两边各放1个；

8. 夹紧饼模，正反两面左右各烘焙30秒然后轮换重复，即左边烤30秒换右边烤30秒，然后翻面左30秒再右30秒，然后再翻面重复；

9. 中途可打开盖子看一下，烤至两面带焦色并上色均匀即可；

10. 烤好的饼干可以直接吃，也可缀点薄荷叶搭配上各色水果、淋上巧克力酱、果酱，或者搭配冰淇淋，撒上糖粉或坚果等食用，组合随意。

📝 操作要点

1. 此款饼干坯也可分成8~10克1个的小圆球，一次烤8个做成迷你华夫；

2. 烤华夫时注意模具要事先烧热，如果不好把握模具的温度，可以在模具上滴上一滴水，等水烤干的时候模具就热好了；

3. 烘烤的时候注意左右轮换翻面，烤到可以闻到香气的时候再打开检查上色度，不要太早开盖，以免面糊未熟影响成形。

图书在版编目（CIP）数据

坨坨妈：烘焙新手入门 / 坨坨妈编著 . — 南京：江苏凤凰科学技术出版社，2016.01（2025.01重印）
（汉竹•健康爱家系列）
ISBN 978-7-5537-5560-1

Ⅰ.①坨… Ⅱ.①坨… Ⅲ.①烘焙 – 糕点加工 Ⅳ.① TS213.2

中国版本图书馆 CIP 数据核字（2015）第 246239 号

坨坨妈：烘焙新手入门

编　　　著	坨坨妈
主　　　编	汉　竹
责 任 编 辑	刘玉锋
特 邀 编 辑	高晓炘
责 任 校 对	仲　敏
责 任 监 制	刘文洋

出 版 发 行	江苏凤凰科学技术出版社
出版社地址	南京市湖南路 1 号 A 楼，邮编：210009
出版社网址	http://www.pspress.cn
印　　　刷	南京新世纪联盟印务有限公司

开　　　本	715 mm × 868 mm　1/12
印　　　张	22
字　　　数	400 000
版　　　次	2016 年 1 月第 1 版
印　　　次	2025 年 1 月第 29 次印刷

标 准 书 号	ISBN 978-7-5537-5560-1
定　　　价	49.80 元

图书如有印装质量问题，可向我社印务部调换。